别让直性子误了你

郑和生 ◎ 著

吉林出版集团股份有限公司

图书在版编目（CIP）数据

别让直性子误了你 / 郑和生著. — 长春：吉林出版集团股份有限公司, 2018.7

ISBN 978-7-5581-5228-3

Ⅰ.①别… Ⅱ.①郑… Ⅲ.①个性心理学 Ⅳ.①B848

中国版本图书馆CIP数据核字（2018）第132666号

别让直性子误了你

著　　者	郑和生
责任编辑	王　平　史俊南
开　　本	710mm×1000mm　1/16
字　　数	260千字
印　　张	18
版　　次	2018年8月第1版
印　　次	2018年8月第1次印刷
出　　版	吉林出版集团股份有限公司
电　　话	总编办：010-63109269 发行部：010-67208886
印　　刷	三河市天润建兴印务有限公司

ISBN 978-7-5581-5228-3　　　　　　　　　　　定价：45.00元

版权所有　侵权必究

前言

在人际交往中要想建立良好的关系并不容易，而维护关系更是难上加难。有些人辛辛苦苦积累了一些人际关系，却因自己一时性子直而被破坏，继而吃了大亏。因此，学会驾驭自己的心性很重要，说话办事不能太直接，要学会沉稳淡定，才能遇事不怒，临危不惧，把事情处理得圆圆满满。

生活中，很多人性情耿直，他们说话不拐弯抹角，直来直往的作风让人感到轻松，却也会因此得罪人，给自己惹来麻烦，甚至吃了大亏。性子太直的人大多沉不住气，信口开河，我行我素，容易亮出底牌又不懂人情世故。这样的人又怎么能得到老板和上司的青睐，又如何得到他人的认同呢？因而他们亲手毁掉各种得来不易的人际关系、把事情搞砸，也是常事。古往今来，因为性格耿直而导致人生失败，这样的情形屡见不鲜。

当今社会，你不仅要以诚待人，还需花些心思观察人性、洞悉人情。中国人自古以来就以内敛含蓄著称内外，这不是没有道理的。在纷繁复杂的社会中，倘若每个人都性格耿直棱角鲜明，那该会生出多少摩擦和伤害。一个成熟的人必定是懂得控制情绪、沉稳淡定的人。要知道，过于耿直会为你的生活造成很多不必要的麻烦，甚至会阻碍你前进的步伐。

无论说话还是办事都不要太过直接，更不能率性而为，但凡谦恭有涵养的人都是温良礼让的，这是一个人成熟的标志。人生在世，过真易生情而伤己；过直易生怨而伤人。直性子者性情过刚，须以柔性中和，方能悦己乐人。水无棱角，是世上的至柔之物，然而却可驰骋天下，包纳万物；而棱角分明的坚硬固体，并非无坚不摧，反而不堪一击。我们都知道刚直易折的道理，棱角太过尖锐只会让自己承受更多磨砺的痛苦。

在漫长的人生中，不如意之事十之八九。想在这个纷繁复杂、反复无常的世界里小有成就，绝不能由着性子恣意而为。在如今知变和应变的能力不仅是一个人的素质问题，也逐渐成为考察办事能力的一种标准。直性子的人往往太固执，容易一条路走到黑。办事时要学会变通，放弃毫无意义的固执，这样才能更好地办成事情。

经历世事沧桑的人都明白，不"忍"寸步难行，不"忍"难成大事。因此，人在屋檐下的时候，一定要学会低头，力戒冲动、冒险。一切成功的要义，在于懂取舍、知进退。有时候，你必须克服耿直率真的毛病，懂得"装傻充愣"，这既是一种成熟，更是一种智慧。

本书分为以下十一辑：脾气太直四处碰壁：别让直性子误你一生；直言不讳有原因：可别以为都是性格的错；不发怒少烦恼：沉住气才能成大器；用心做事，真诚待人：情商高才能立于不败之地；嘴上要有"把门的"：不说话憋不死，说错话酿成祸；懂点儿处世智慧：不懂人情世故如何玩得转社会；做人要大度：放下小纠结，追求大境界；懂得忍让不抱怨：以退为进，不张扬的个性更从容；跳出自我的小圈子：改变以自我为中心的性格弱点；不糊涂中有糊涂：太执著的人会把事情搞砸；该较真处须较真：把直性子用得恰到好处也是本事。

本书旨在帮助性格耿直的你找出自己个性缺陷的症结，学会灵活的待人处世的规则，掌握情绪控制的方法，跳出自我中心意识，懂得设身处地地为他人着想，并发挥自己性格特质中积极而磊落的一面，从而助推自己事业的成功。

也许你就是一个直性子的人，也许你遭遇过挫折，在无意之中伤害过很多人，在人生的道路上摔过跤，常感到彷徨和苦闷。但是那已经成为历史，只要你能下定决心改变性格，就能为自己的人生翻开新的篇章。希望你能从此书中找到一些对自己有益的启示和方法，希望本书能对你的人生产生积极的作用。

目录 CONTENTS

第一辑 CHAPTER 01
脾气太直四处碰壁：别让直性子误你一生

- 003　人是好人，可为什么处处与世界格格不入
- 007　锋芒太露得罪人，吃了亏怪不得别人
- 009　控制不住火爆脾气，何来好人缘
- 012　别因直性子破坏了来之不易的关系
- 015　即便你手握真理，也不应咄咄逼人
- 017　做人不能太复杂，但也不能太单纯
- 020　做人不可过于执着认"死理"

第二辑 CHAPTER 02
直言不讳有原因：可别以为都是性格的错

- 025　有才没有错，可别因才华断送了前程
- 028　不要做苦恼的完美主义者

031　直言不讳有时是高人一等的优越感作怪

034　有技巧地直言不讳胜过沉默不语

039　你不是直，而是因为你不愿意改变

042　自命清高直来直去，难以适应现实生活

046　自尊心在作祟：别让自己成为带刺的"玫瑰"

第三辑 CHAPTER 03

不发怒少烦恼：沉住气才能成大器

051　大丈夫喜怒不形于色

055　不沉湎于过去，不透支明天的烦恼

058　不能克制自己，永远是情绪的奴隶

061　学会调节好心情，不要自寻烦恼

064　深思熟虑后再做出反应

068　任何时候都别往枪口上撞

072　沉住气，人生没有翻不过去的火焰山

目录
CONTENTS

第四辑 CHAPTER 04

用心做事，真诚待人：情商高才能立于不败之地

- 077 　靠同理心化解怒气，赢得好人缘
- 081 　察觉情绪信号，将坏情绪扼杀在摇篮里
- 084 　用心做事，不要意气用事
- 088 　多个朋友多条路，多个敌人多堵墙
- 092 　当别人与你争辩时，且让他赢
- 095 　和气待人，一笑泯恩仇

第五辑 CHAPTER 05

嘴上要有"把门的"：不说话憋不死，说错话酿成祸

- 101 　指出对方错误，一定要让他有面子
- 105 　宁可犯口误，不可犯口忌
- 108 　当着矮子，不说短话

112　掌握说"不"的学问

115　高阶层的人不可有话直说

118　说话留余地，日后好见面

122　守住自己的秘密，更要守住他人的秘密

第六辑 CHAPTER 06
懂点儿处世智慧：不懂人情世故如何玩得转社会

127　可以不奸诈，但不可不"世故"

131　谙熟中国人的面子学问

135　做一个察言观色的高手

138　懂点儿应酬好办事

142　不要表现得比别人更聪明

145　没有人喜欢被怪罪

148　做人不钻牛角尖

152　做人不能太势利

目录 CONTENTS

156　听到逆耳之言不失态

第七辑 CHAPTER 07
做人要大度：放下小纠结，追求大境界

161　抛弃头脑中固有的偏见

165　宽容别人对你的伤害

169　多反省自己，少怪罪别人

173　千万别做拆台的"小人"

177　不要带"放大镜"出门

180　多一些磅礴大气，少一些小肚鸡肠

183　不要抓住对方的一次失误不放

第八辑 CHAPTER 08

懂得忍让不抱怨：以退为进，不张扬的个性更从容

- 189　学会示弱，人人具有同情弱者的天性
- 192　忍一时风平浪静
- 196　为了避祸要委曲求全
- 200　不妨对他人屈就一下
- 203　能够谅解别人的过错
- 206　顺势而为，别让冲动害了你

第九辑 CHAPTER 09

跳出自我的小圈子：改变以自我为中心的性格弱点

- 211　该出手时一定要表明立场
- 215　不要硬碰硬，要学会躲闪
- 219　主动认错的人更有面子

目录 CONTENTS

222　功成身退是一种大智慧

225　己所不欲，勿施于人：切勿伤人自尊

228　做最佳配角，多给别人一些表现自己的机会

第十辑 CHAPTER 10
不糊涂中有糊涂：太执著的人会把事情搞砸

233　高明的人都会装傻充愣

237　有些事情不能太较真

241　水至清则无鱼，人至察则无徒

245　低头是稻穗，昂头是稗子

248　聪明容易，糊涂难得

第十一辑 CHAPTER 11

该较真处须较真：把直性子用得恰到好处也是本事

253　先把"丑话"说在前面

257　有些事情应该较真必须较真

261　软弱退让未必会有好结果

265　不要怕与上司争利益

269　关键时刻必须"独断专行"

273　征服异己必须选择正面对抗

脾气太直四处碰壁：
别让直性子误你一生

聪明的人不仅要能说话，

还要会说话，

不因直性子而导致做人失败。

很多人认为，性格耿直是一种优点。他们说话一语中的、一针见血，不会因为考虑别人的感受而咽下快到嘴边的难听话。然而他们的最大缺点就是欠考虑，这也是他们的致命缺点，很多人就是因为这一点在生活和工作中四处碰壁。谁都愿意听好话，这是一种人性和心理的需要。与人交往，直性子的人往往不顾及别人的面子，在众人面前口无遮拦，被攻击到的人自然对他再无好感，没有被攻击到的人也会敬而远之。因此，直性子的人在人际交往中往往受到别人的排斥，成为不受欢迎的人。

人是好人，可为什么处处与世界格格不入

在复杂的社会环境中，如果一个人太过圆滑，为了抢占更多的资源处处讨好别人，就会让人瞧不起。可是如果一个人过于棱角分明，直来直去，必将处处受到掣肘。生存和发展是每一个生命体都要面临的问题，立足社会是一个现实问题，你可以拒绝去当圆滑的鹅卵石，可是万不可充当棱角分明的顽石，因为扮演那样的角色会让你付出高昂的代价。事实上，再粗粝的岩石都要受到风的侵袭和流水的冲刷，在外力的作用下，都不可避免地会失掉一些棱角，人亦如此，适度地削减一些棱角，可以避免碰伤别人，也可以更好地保护自己，这并没有什么不好，也不代表你完全失去了自我。钻石经过打磨才变得光芒四射，而固执的荆棘不过是一丛怪异扎人的植物，无人理会，无人欣赏……

哲学家说，世界上没有完全相同的两个人，就像世界上没有完全相同的两片树叶。诚然，每个人都有自己独特的个性，有的人活泼，有的人沉默，有的人耿直，有的人委婉。但是，倘若你天真地将自己的个性当做为人处世的风格，那你就大错特错了。

生活中常常会出现这样的现象，公司应聘中，两个能力相差无几的人，老板却选择了其中一个。为什么？其中很大一部分原因就是两个人为人处世的方法不同。性格耿直固然是好，但是如果将这种耿直带到工作中去，那就是一种自傲。

我们倡导做人不能失了自我，有些棱角是必要的，但是要把握好度。将每个人都比作一块小石子，整个社会就是一个大操场，社会交往的过程中，有些人将自己打磨得过于圆滑，没有了底线，这固然不好；但是，倘若每个人都不去棱角，个性太过鲜明，那么在这样一个人流拥杂的社会中，不计其数的棱角分明的石子撞到一起，每个人都会被撞得很疼的。

很多人认为，性格耿直总比油滑的人优点多。的确，相比油嘴滑舌拐弯抹角的人来说，直性子的人确实更容易相处。他们说话一语中的、一针见血，喜欢你就会对你表示出明显的亲近，不喜欢你无论当着多少人的面也会让你下不来台。他们不会让你费劲心思去猜他话里的潜台词，也不会因为考虑你的感受咽下已到嘴边的难听话。

性格耿直的人的最大缺点就是欠考虑，这也是他们的致命缺点，很多人就是因为这一点在生活和工作中四处碰壁。谁都愿意听好话，这并不是做人虚伪，而是一种人性和心理的需要。与人交往，直性子的人往往不顾及别人的面子，在众人面前口无遮拦，被攻击到的人自然对她再无好感，没有被攻击到的人也会因为察觉到现场的气氛而尴尬至极，不知所措。因此，直性子的人在人际交往中往往受到别人的排斥，不受欢迎。

在职场中更是如此。职场作为一个精英汇集的地方，所有的人说话做事都是考虑再三，既不能伤害别人的尊严，也要恰当地表示出自己的态度。性格耿直的人刚直自傲、刚愎自用，自然与这样的场合格格不入。

历史上，广为人知的竹林七贤中，嵇康就是一个因为耿直自傲而吃亏的典型例子。阮籍和嵇康虽然同是风流潇洒之人，但因为性情不同，便有了完全相反的宿命。

阮籍表面上猖狂放荡，但内心却十分精明圆润。尤其在官场上，他更是将自己的特性和特点完美地结合在一起。他从不轻易开口说话，不轻易评价别人的好坏高低，表达自己的观点时也是措辞有致，言语婉转。因此得到司马昭父子的喜爱，有了强大的靠山。尽管有很多人想要加害于他，最终也没有得手。他的聪明既成全了自己也保护了家人，既保全了自己的安稳，也不失掉"贤人"的名号。

嵇康因为得罪钟会，被其设计陷害，最终被司马昭下令杀死。同样的博学多识，同样的精通音律，嵇康因为性情刚直、刚愎自用，不懂得委婉圆滑，最后落得那样的下场。

其实，嵇康并不是愚笨不知道世事险恶，追根到底还是他那耿直傲慢的性格害了他，以为自己才高名盛就妄自菲薄，不懂得官场的生存法则，不懂得退让与委婉。

待人处世，最大的忌讳就是因为一时之气争个你死我活。倘若赢了，即便向世人证明了你的观点，你所得到的结果与你为此事所付出的代价相比也是微不足道的。倘若输了，更是赔了夫人又折兵，不仅花费了精力，还没有得到自己满意的结果。这又是何必呢？

能屈能伸的才是顶天立地的真君子。勾践为了光复国家大业，不惜三十余年卧薪尝胆；韩信为了度过一时难关，甘心忍受胯下之辱。泰山压顶，笔直的挺立着得到的结果是永远折断,暂时弯腰反而会换得日后永远的伫立。

总之,直性子并不是一定行不通,性格和语言并不犯冲突,能够将性情的直爽和语言的委婉完美地结合在一起,这才是真正的完美。

为人处世,恰当得体地表达出自己的见解是一种艺术。作为一个健康人,与人交流是不可避免的。说话,是我们向他人展现自己最重要的途径。聪明的人不仅要能说话,还要会说话,不因直性子而导致做人失败。

我们生存的社会环境非常复杂，难免会遇到形形色色的人、各种各样的挫折和磨难，为此要有一套求生存、谋发展的真本事，才能立于不败之地。其中，首要的一点就是为人处世懂得圆滑一些，避免事事锋芒毕露。不懂得"外圆"的人，缺乏驾驭感情的意志，棱角分明，斤斤计较，哪怕有凌云壮志，聪明绝顶，往往也会让自己四面树敌，寸步难行，甚至碰得头破血流，一败涂地。

锋芒太露得罪人，吃了亏怪不得别人

社会就是一条溪流，在你刚刚踏入的时候，只是一块棱角分明的石头。随着时间的推移，你遭遇各种锤炼，慢慢地被研磨平整，最后变成了一块圆滑的鹅卵石。归根到底，这都是做人和做事的必经修炼，一个人不能要求社会为他而改变，只能主动去适应社会。

一个人的成功依靠什么？你身边的那些功成名就的人——著名的企业家、出名的律师、优秀的工程师、医术高超的医生等，是否专业技术都是最强？答案是否定的。他们的技术、才干固然高超，但那只是成功的一部分原因，还有一个重要原因是他们善于为人处世，懂得在激烈的竞争中巧妙推销自己，而不是一味地争强好胜。

早年，著名歌星邝美云曾参加香港小姐的竞选，结果成功获得第三名。在竞选期间，有一个记者这样问："听说你上学期间成绩不好，你是否很笨？"显然，这个问题有挑衅的意味，很难回答。但是，邝美云却没有怒火攻心，也没有劈头盖脸去应对，而是巧妙地说："你们注意到没有，读书时成绩一流的人毕业后干什么？可能当工程师、律师、医生；而成绩二流的干什么呢？他们中很多人却当了那些工程师、律师、医生的老板。"

为什么成绩一流的打工，成绩二流的就当上了老板呢？因为，成绩一流的同学过分地追求专业知识，而忽略了做人的修炼，而二流的同学却在打拼中先掌握了为人处世的道理，所以反而比前者赢得了更佳的社会地位与发展前景。

著名教育家黄炎培曾经这样告诫儿子："和若春风，肃若秋霜，取象于钱，外圆内方。"外圆是指一个人做人做事要讲究技巧，圆滑通透，识时务，能进退自如，游刃有余。外方是指做人要有正气，有自己的主张和原则，不会被他人左右。以铜钱为比喻，把"外圆"与"内方"有机的结合起来。

俗话说的好，水至清则无鱼，人至察则无徒，铁至刚则易折，人至方则易伤。做人做事越棱角分明，意味着和他人的碰撞、摩擦越多，总会有意无意的让人感觉到不舒服，而圆润的外表更易于让人接受。不懂得"外圆"的人，缺乏驾驭感情的意志，棱角分明，斤斤计较，哪怕有凌云壮志，聪明绝顶，往往也会碰得头破血流，一败涂地。

生活中，只有学会在复杂的社会环境中磨掉自己的棱角，做一个"外圆内方"的人，才能在为人处世上游刃有余，与人平和相处，做事得心应手。就如急流中的巨石，虽棱角全无，内中却坚实肖然，不随波逐流，却能最大限度地和水融为一体。人生在世，运用好"方圆"之理，必能无往不胜，所向披靡。

作为一种处世的艺术，"圆"提供了处事的方法、策略，"方"指明了原则、立场。具体来说，我们要通过中和的方法，通达地处理与周围人的关系，妥善解决好各种问题。

对愤怒情绪的控制，代表着一个人的品行。想要成功，就必须使消极情绪得到有效的控制。当火燃烧的时候，会把一切都化为灰烬。同样，如果人们不能有效的控制自己的火爆脾气，就有可能成为消极情绪的牺牲品。一个人如果容易发脾气，那是对自己和他人的双重伤害。这样的人不能处理好各种关系，没有好人缘，他们不仅不能把事情办妥，还将把自己带入绝境。古往今来，无法控制火爆脾气的人，很难有大的作为。

控制不住火爆脾气，何来好人缘

一个人在社会上生活，想要达到无往不胜，首先要懂得处理好人际关系。人与人相处，应当控制住自己的火爆脾气，减少"火药味"。有的人控制不住脾气，点火就着，失去了回旋的余地，很难拥有好人缘，结果直接影响到生活、工作的和谐局面。

脾气暴躁、性子急，做事的时候就会头脑发热，失去分寸。比如，有的人一张口就言辞犀利，甚至出语伤人，这样就不利于搞好团结，容易把事情搞砸。历史经验告诉我们，戒骄戒躁是处理好各种关系和事物的基本要求。

现代社会竞争激烈，做人做事还是保持平和的心态才好，脾气太大，不仅别人受不了，自己也会不舒服。本事再高、权利再大，谦和一点总是好事，否则失去了良好的人际关系，日后该如何做事呢？

实际上，人缘是一个人安身立业的支撑点。有个好人缘，你就能如鱼得水，左右逢源；没有好人缘，你就会处处碰壁，寸步难行。如何控制自己的火爆脾气，拥有好人缘呢？

要想拥有好人缘，就要学会浇灭心头的怒火。当愿望不能实现的时候，或者在行动中受挫的时候，人们会在心理上引起紧张而不愉快的情绪，这就是"愤怒"。事实上，每个人在潜意识中都希望一切事情如己所愿，而一旦事与愿违便失落、焦虑，甚至怒不可遏。为此，我们要学会浇灭心头的怒火。

愤怒是一种比较难控制但又必须得控制的消极情绪，人在愤怒的情绪下，往往不顾及他人尊严，甚至会无意识中做出伤害他人的事，给家人和朋友带来最直接的伤害和痛苦。

有一个孩子，常常无缘无故地发脾气。于是，父亲故意给了他一大包钉子，让他每次发脾气的时候就把钉子敲在后院的栅栏上。结果，小男孩陆续在栅栏上钉了12颗钉子。慢慢地，他逐渐能控制自己的愤怒了，并且栅栏上的钉子数目也日渐少了。终于有一天，小男孩没有在栅栏上钉下新的钉子。

这时候，父亲又对他说："如果你能坚持一整天不发脾气，就从栅栏上拔下一颗钉子。"一天，两天……过了一段时间，小男孩终于把栅栏上所有的钉子都拔掉了。父亲拉着儿子，来到栅栏边说："孩子，你做得很好。不过，你有没有发现，那些钉子在栅栏上留下了许多小孔，就算经过了很长时间依然存在。你应该明白当你随意发过脾气后，你的言语就像这些钉孔一样会在他人的心中留下疤痕。与其事后说'对不起'，不如防止伤害到别人。"

生活中，你是否也和那个孩子一样，因为一时的愤怒给别人带来无法弥补的伤害？当你准备发怒的时候，要先想想后果是什么。如果你知道此时的发怒百害而无一利，那么就要约束好自己，不要逞一时的痛快。

事实上，和别人发生无谓的冲突是很幼稚的行为。一个人生气时，会倾向相信愤怒是由别人造成的，并将所受的痛苦都归咎于他人。这时候，自然会想以同样的方式激怒别人，让其同样受苦，从而觉得得到安慰。其实这种想法是非常幼稚的。

道理不难理解，你让他人痛苦，对方也会反击，结果双方的痛苦不断加深，彼此的伤害更深。所以，造成痛苦的主原因正是自己内心愤怒的种子。

第一次世界大战以前，德国著名宰相俾斯麦和国王威廉一世是一对有名的政坛搭档。当时的德国之所以会强盛，不仅仅是因为宰相俾斯麦能干，同时也因为有个宽容大度的好皇帝。俾斯麦号称"铁血宰相"，做事雷厉风行，威廉一世经常气得回到后宫中乱砸东西，摔茶杯，包括一些珍贵的器皿都摔坏了。皇后曾不解地问威廉一世，为什么老是要受他的气。威廉一世回答说，他是宰相，一人之下万人之上，下面有那么多人气他，他都要受。他受了气就只好往我身上出，我当皇帝的又往哪里出呢，只能摔茶杯了。

由此不难理解，威廉一世为什么能够成功，而这也是德国在那时候能够那么强盛的一个重要原因。

当一个人不知如何处理愤怒时，就会把它扩散到周围人身上，让周围的人也感到痛苦。所以我们学会如何处理自己的愤怒，才不会让它四处扩散，和别人发生无谓的冲突。

戒骄戒躁是处理好各种关系和事物的基本要求。拥有好人缘更是一个人安身立业的支撑点。脾气暴躁、性子急的人，做事的时候就会头脑发热，会失去分寸，这样就不利于团结，因此，做人做事还是保持平和的心态才好。

每个人都生活在社会当中，本身就处在各种各样的关系中。并且，有人的地方自然就有矛盾，有了分歧的时候，很多人喜欢争吵，非要弄个是非曲直，结果恶化了彼此的关系。这样做，既伤和气又伤感情，不值。因此不如大事化小，小事化了。更何况人与人之间建立信任关系本来就很难，即使你100次做的足够好，只有一次坏了事，对方往往也会对你产生意见，甚至将来之不易的关系破坏殆尽。所以对那些性格耿直的人来说，不懂得克制自己的性子就很容易把事情搞砸。

别因直性子破坏了来之不易的关系

人生当中，有许多事不能太认真，太较劲，认死理。特别是人如果太认真了，就会对什么都看不惯，连一个朋友都容不下，最后成为孤家寡人，让他人逐渐疏远你，甚至离你而去。

有位智者说，大街上有人骂他，他连头都不回，根本不想知道说脏话的人是谁。因为他知道自己该干什么不该干什么，知道什么事应该认真什么事可以不屑一顾。倘若他回头看一眼，就不会轻易忘掉这个人了，心中总是耿耿于怀，对自己又有什么好处呢？然而，有些人眼里却揉不得沙子，凡事都要弄个是非曲直。比如，有的领导者不允许下属犯半点错误，动辄横眉冷对，发怒训斥；部下畏之如虎，久而久之，必积怨成仇。

其实，生活中的许多事情并不是你一个人能够掌控的，何必因为一点点误解和矛盾就大动肝火呢？如果双方调换一下位置，想想他人的感受和需要，你自然会明白应该采取怎样的行动，从而获得圆满的结果。

人际交往中切记不可太认死理。人非圣贤，孰能无过，与人相处需要相互谅解，求大同而存小异，能容人，这样你就会拥有很多朋友。相反，过分挑剔，眼里容不得沙子，人家就会躲得你远远的，唯恐避之不及。

与人打交道时，有些事情无法解释，又何必说清道明。在不违背自身原则的前提下，装一次糊涂，为长远打算，暂时受点委屈，也未尝不可。"不争为争"，正是我们的处事哲学。

历史上流传着一则孔子东游时候的一段故事。有一天，孔子和弟子们在东游的途中，走的比较累，而且又饿又渴。突然看到一酒家，于是孔子就吩咐一弟子去向店主要点吃的。

这时，孔子的一个弟子走到酒家跟店主说：我是孔子的学生，我们和老师走累了，给点吃的吧。这位店主就写了一个"真"字让他认，如果认识的话，就是孔子的弟子，随便吃。

孔子的弟子不以为然，"真"字谁不认识啊，随口说出了这是个真字。店主大笑：连这个字都不认识，还冒充孔子的学生。于是，吩咐伙计将他赶出酒家。

这位弟子两手空空垂头丧气地回来，孔子得知原委后，就亲自去酒家。

孔子对店主说：我是孔子，走累了，想要点吃的。这位店主用同样的方法考察孔子，说，既然你说你是孔子，那么我写个字如果你认识，你们随便吃。于是又写了个"真"字。

孔子看了看，说这个字念"直八"，店主大笑：果然是孔子，你们随便吃。

对于这件事，弟子们不服，问孔子：这明明是"真"嘛，为什么念"直八"？孔子说："这是个认不得'真'的时代，你非要认'真'，焉不碰壁？处世之道，你还得学啊。"

这则故事正说明了做人不能太较真的道理。然而，真正做到不较真、能容忍，不是一件简单的事情。每个人都有七情六欲，都会受到内外环境的影响。遇到难以想象的打击或者挫折时，过于较真往往会使我们陷入死胡同。因此，我们需要培养良好的修养和善解人意的思维方式，多一些宽容，多一些理解。

这就要求我们在人际交往中，首先要确定什么事可以不认真，什么事需要认真，在非原则性的事情上装一下糊涂，既不会破坏和他人之间的友谊，又体现了良好的素养，这样才会拥有越来越多的朋友。不因直性子破坏来之不易的关系，不仅是维系关系和睦的基础，也是成大事者的基本素养。

人际交往中切记不可太认死理。人非圣贤，孰能无过，与人相处需要相与谅解，求大同而存小异，能容人，这样你就会拥有很多朋友。

生活中，很少有人是软弱可欺的小绵羊，然而太咄咄逼人也不是好事，因为这样做并不能得到你想要的结果。不容置疑而又游刃有余的态度，既不得罪人，又能达到目的，才是聪明人的努力方向。即使你现在有充分的理由，也不能当面过于咄咄逼人。因为在任何人的内心深处，都有张自尊的网，只有适时地给别人台阶下，才能求得人际关系的和谐。

即便你手握真理，也不应咄咄逼人

在任何人的内心深处，都有张自尊的网，适时地给别人台阶下，才能求得人际的和谐。但是，现在仍有不少人视"锱铢必较"为美德，即使因言语不当而产生矛盾，他们也每每以"我这人就是喜欢说实话"为理由替自己开脱。当一个肆无忌惮地挥动着道理"鞭子"的人，闯入这片希望自己掌握的内心领域时，就会引发对方强烈的抗拒。

美国前总统富兰克林年轻时很骄傲，言行举止，咄咄逼人，不可一世。后来有一位朋友将他叫到面前，用很温和的语言说："你从不肯尊重他人，事事自以为是，别人受了几次难堪后，谁还愿听你夸耀的言论？你的朋友将一个个远离你，你再也不能从别人处获得学识与经验，而你现在所知道的事情，老实说，还是太有限了。"

富兰克林听了这番话后，很受震动，决心痛改前非。从那以后，他处处提醒自己的言语行为要谦恭和婉，慎防损害别人的尊严和面子，不久，他便从一个被人敌视、无人愿意与之交往的人，变为极受人们欢迎的成功人物。

是的，永远不要在所有问题上都太过较真，摆出一副咄咄逼人、不得胜利誓不罢休的架势来，那只会引起别人的反感。而如果你能用巧妙的语言将一个人从尴尬的境地解救出来，他自然会对你感激不尽。

一位心理学家说："牺牲别人去做一件有利自己的事已经不妥当，硬把这件事当作对别人一种慷慨施与，就是无可饶恕的自欺欺人行为。而且，到头来必定失败的。"当你手中已经握有一定的证据时，也不要表现得太过强势。人人都有逆反心理，你这样做只会让对方更加愤慨，如果对方是个不讲理的人，那么你们之间势必会让形势更加恶化。

给别人台阶下，是一个非常高明的举动，它体现了你对别人的宽容和谅解，又给自己赢得了朋友。记住，给别人面子，就等于给自己面子，给别人一个台阶下，就等于给了自己一个世界。咄咄逼人的架势一定不要经常地拿出来，要不然，只能让你在社会这个大圈子里面一路摔跟头。

为了赢得更多的朋友，也为了事业上进行得更加顺利，你不妨常以温和的姿态出现在别人面前。如果你手中还握有真理，又谦虚和蔼，不仅能赢得对方的尊重，而且还能让对方诚心悔过。

年轻人遇事一定要将心比心，多站在别人的立场去考虑，不要处处都表现得特别的强人所难。如果你处处高调，处处咄咄逼人，对方心里会感到紧张，甚至很容易对你产生反感，而使你们之间的交流出现障碍。

在现实生活中，每个人都逃不开为生存奔波的现实，为了更好的生活，只有让自己成熟起来，才能在复杂的人际关系中生存。所以，要牢记一点：做人不能太复杂，但也不能太单纯。做人不能太复杂，这是提醒人们要保持一颗真诚待人之心；做人不能太单纯，则是因为太过老实与耿直，往往在社会上吃不开。许多时候，适当的圆滑一点，才能更好地融入这个社会，更好地生存下去。

做人不能太复杂，但也不能太单纯

俗话说，人在江湖身不由己。一个人太过耿直与忠厚，会让自己处处掣肘，相反圆滑一点会有更大的腾挪空间。此外，圆滑做人不仅是生存的需要，也是对别人的一种尊重，是建立良性互动关系的需要。经验表明，老实人不懂得保护自己，明知道自己很难办到的事，却没办法开口拒绝，结果不仅使自己受累，对方也会感到尴尬。

阿杰刚参加工作不久，姑妈来这个城市里看望他。他陪着姑妈在城里转了转，很快就到了吃饭的时间。

当时，阿杰身上只有五十块钱，这是他能拿出来招待姑妈的全部积蓄。他很想找个小餐馆随便吃一顿，但是姑妈看中了一家很体面的餐馆。最后没办法，他只能硬着头皮上，走进了这家餐馆。

两个人坐下来后，姑妈开始点菜，当她询问阿杰意见时，只听到了简单的两个字："随便"。而此时此刻，阿杰心中很紧张，放在衣袋中的手攥紧了那仅有的五十块钱，这显然不够今天的饭钱。

但是姑妈仿佛没有看出阿杰的不安，不停的夸奖这里的饭菜可口，阿杰却什么味道也没吃出来。最后，服务员拿着账单走过来，阿杰张开嘴却什么都没说出来。

看到这里，姑妈温和的笑了。她拿过账单，付过款，然后对阿杰说："孩子，我知道你的感觉，我一直在等你说'不'，可是你一直都没有说。要知道，有时候一定要坚决勇敢地拒绝别人，不能按着表面文章照着来做。今天，请你一定牢记这个道理。"

像阿杰这种在该推脱的时候而不懂推脱的老实人，不懂得说"不"，不仅会强化依赖心理，还会加重自己的负担，从而活得很累。

表面看来，老实人可信赖、可依靠，但是他们身上也有许多致命的缺陷。比如，老实人性格耿直，说话直来直往，不懂得迂回，眼睛里容不得沙子，常常会费力不讨好，还容易得罪人；老实人爱钻牛角尖，凡事认死理，给人难以合群的印象；老实人喜欢退让，不善于主动去争取机会把握机遇，只是被动的等候……这些都是老实人难以打开成功大门的重要原因。

更重要的是，老实人在社会群体中处于一个被忽视的位置，没有实际影响力，也难以成为领导者。老实人的这种生存状态与其本身所具有的一些特性分不开。首先，老实人不善于表现自己，给人的印象就是平庸，很难引起别人的重视。其次，老实人不善于为自己长远的利益出谋划策，因为地位的平庸也很难产生影响力。再次，老实人不善于执行，通常情况下没有处理事情的手腕，所以很难有所建树。

我们常常感慨着"社会不公，小人当道"，却没有想过是因为自己过于"耿直"而导致人际关系紧张，由于缺乏变通导致处事僵硬。对老实人来说，从里到外让人一眼看透，这种致命弱点让他们的人生缺乏想象力，而他们自己也没有创造未来、改写命运的冲动。太过单纯或简单，怎能适应这个复杂多变的社会呢？

一根铁棍无法撬开坚实的大锁，而小巧的钥匙只要插进锁孔轻轻一转，就打开了，不是因为钥匙比铁棍更结实，而且因为钥匙是最了解锁的。做人也应当如此，不是只靠坚硬、耿直就可以获得成功，要学会圆滑变通，适当地让自己的性格"精巧"一些，难关就会迎刃而解。

所以，如果你是一个老实人，从现在开始就应该转变一下自己的思路，改正自己的局面从而扭转人生。一个人能够成就大业，不在于他现在拥有什么，而在于他将来能干什么，即综合发展的潜力。

做人不可以太单纯，但是也不可以太复杂。诚信待人依然是社会中人与人交往的根本，是一个人的基本品格，圆滑做人，也不是要求你放弃自己诚实的性格。在有些情况下，善意的谎言是必须的，善意的谎言不是欺骗，是用来避免伤害他人，是对他人的尊重。

做人既要诚实又要圆滑，这要求我们必须做一个处事灵活、心态成熟的人。在人际交往中，对人以诚相待，通过工作和生活中建立良好的人缘和深厚的友谊，同时要保持适度的弹性，把握说话的分寸，以保持平衡的人际关系。

人生本来如大梦，一切事情过去就过去了，如江水东流一去不回头。老年人常回忆，想当年我如何如何……那真是自寻烦恼，因为一切是不能回头的，像春梦一样了无痕迹。因此人不可过于执着纠结于过去。偏执的人总是喜欢以自己的标准来衡量一切，以自己的喜怒哀乐决定一切，缺乏客观的依据。一旦别人提出异议，就立刻转换脸色，对别人正确的意见也很难听得进去。

做人不可过于执着认"死理"

偏激和固执像一对孪生兄弟。偏激的人往往固执，固执的人往往偏激。心理学对此有一个专业术语：偏执。

偏执的人总是喜欢以自己的标准来衡量一切，以自己的喜怒哀乐决定一切，缺乏客观的依据。一旦别人提出异议，就立刻转换脸色，对别人正确的意见也听不进去。

偏执的人往往极度敏感，对侮辱和伤害耿耿于怀，心胸狭隘；对别人获得的成就或荣誉感到紧张不安，妒火中烧，不是寻衅争吵，就是在背后说风凉话，或公开抱怨和指责别人；自以为是，自命不凡，对自己的能力估计过高，惯于把失败和责任归咎于他人，在工作和学习上往往言过其实；总是过多过高地要求别人，但从来不信任别人的动机和愿望，认为别人存心不良。

喜欢走极端，与其头脑里的非理性观念相关联，是具有偏执心理的一大特色。因此，要改变偏执行为，首先必须分析自己的非理性观念。如（1）我不能容忍别人一丝一毫的不忠。（2）世上没有好人，我只相信自己。（3）对别人的进攻，我必须立即给以强烈反击，要让他知道我比他更强。（4）我不能表现出温柔，这会给人一种不强健的感觉。

具有偏执心理的人应该对自己的一些观念加以改造，以除去其中极端偏激的成分。例如，（1）我不是说一不二的君王，别人偶尔的不忠应该原谅。（2）世上好人和坏人都存在，我应该相信那些好人。（3）对别人的进攻，马上反击未必是上策，我必须首先辨清是否真的受到了攻击。（4）不敢表示真实的情感，是虚弱的表现。

每当故态复萌时，就应该把改造过的合理化观念默念一遍，用来阻止自己的偏激行为。有时自己不知不觉表现出了偏激行为，事后应重新分析当时的想法，找出当时的非理性观念，然后加以改造，以防下次再犯。

宋代大文学家苏东坡善作带有禅境的诗，曾写一句："人似秋鸿来有信，事如春梦了无痕。"这两句诗充分地将佛理中的"无常"现象告诉世人。南怀瑾对苏轼这首诗的解释非常有趣："人似秋鸿来有信"，即苏东坡要到乡下去喝酒，去年去了一个地方，答应了今年再来，果然来了；"事如春梦了无痕"，意思是一切的事情过了，像春天的梦一样，人到了春天爱睡觉，睡多了就梦多，梦醒了，梦留不住也无痕迹。

人生本来如大梦，一切事情过去就过去了，如江水东流一去不回头。老年人常回忆，想当年我如何如何……那真是自寻烦恼，因为一切事不能回头的，像春梦一样了无痕迹。

人世的一切事、物都在不断变幻。万物有生有灭，没有瞬间停留，一切皆是"无常"，如同苏轼的一场春梦，繁华过后尽是虚无。如果人们能体会到"事如春梦了无痕"的境界，那就不会生出这样那样的烦恼了，也就不会陷入怪圈不能自拔。

现代著名的女作家张爱玲，对繁华的虚无便看得很透彻。她的小说总是以繁华开场，却以苍凉收尾，正如她自己所说："小时候，因为新年早晨醒晚了，鞭炮已经放过了，就觉得一切的繁华热闹都已经过去，我没份了，就哭了又哭，不肯起来。"

张爱玲生于旧上海名门之后，她的祖父张佩纶是当时的文坛泰斗，外曾祖父是权倾朝野、赫赫有名的李鸿章。凭着对文字的先天敏感和幼年时良好的文化熏陶，张爱玲7岁时就开始了写作生涯，也开始了她特立独行的一生。

优越的生活条件和显赫的身世背景并没有让张爱玲从此置身于繁华富贵之乡，相反，正是这优越的一切让她在幼年便饱尝了父母离异、被继母虐待的痛苦，而这一切，却不为人知地掩藏在繁华的背后。

其实，纸醉金迷只是一具华丽的空壳，在珠光宝气的背后通常是人性的沉沦。沉迷于荣华富贵的人通常是肤浅的人，在繁华落尽时他会备受煎熬。转头再看，执着于尘俗的快乐，执着于对事物的追求，往往最受连累的就是自己，因为你通常会发现，你所执着的事物其实并不有趣，而且时常令你一无所得。

真正的虚空是没有穷尽的，它也没有分断昨天、今天、明天，也没有断过去、现在、未来，永远是这么一个虚空。天黑又天亮，昨天、今天、明天是现象的变化，与这个虚空本身没有关系。天亮了把黑暗盖住，黑暗真的被光亮盖住了吗？天黑了又把光明盖住，互相更替。

当我们偏执的心理故态复萌时，就应该把改造过的合理化观念默念一遍，用来阻止自己的偏激行为。有时自己不知不觉表现出了偏激行为，事后应重新分析当时的想法，找出当时的非理性观念，然后加以改造，以防下次再犯。

直言不讳有原因：
可别以为都是性格的错

如果你真是一个善良的人，

说话做事一定要站在对方的角度去看问题，

而不是口无遮拦。

做人不要自视甚高，不要恃才傲物，当你取得成绩时更要心存感激之心，为人谦卑、低调、大智若愚，会让别人对你刮目相看。大度睿智的低调做人，谨小慎微的低调做事，从不锋芒毕露，这种态度让人赞赏，自己也不会招惹太多的人物，更能使自己的才能得到有效的发挥。性格耿直的人会一条道跑到黑。他们或许有理想，或许有才华，但是因为不懂得转弯而时常将自己置于危险的境地。

有才没有错，可别因才华断送了前程

性格耿直的人会一条道跑到黑。他们或许有理想，或许有才华，但是因为不懂得转弯而时常将自己置于危险的境地。有才华却碌碌无为，这既是人生莫大的讽刺，也是因直性子而导致的人生惨剧。

对许多能干的下属来说，断送自己前程的有时不是你的无能，而是你的才华。如果你被某上司视作真正的威胁，你会发现自己处于一种不利的处境。除非你能扭转局面，否则你可能只好被迫另找工作了。一个不能忽视的可能是，如果你在公司的纪录很好，但你的上司不能正确对待你的成功。同一个企业可能会有令你更欣赏的职位，如果没有这种可能，而所发生的事情又正如你所料，你最好的策略就是换个工作，到一个更乐于帮你提升而不是挡你道路的上司处去工作。

当你在办公室嬉戏时，不要拿上司开玩笑。一些上司采取平易近人"亲民政策"，在办公时间，偶尔也会与下属谈论说笑。但要记住，他可以这样做，并不表示作下属的也可以这样做。经常在茶水间站着边喝水、边与同事谈天的下属，在上司心目中是个怠惰的人。

有些人在开会时喜欢夸夸其谈，把自己认为很独到的见解发表出来，自以为很夺目精彩，殊不知，实际上是在自招祸患。所谓"言多必失"，在上司面前尤为警戒。作为下属，最忌的是上司说一句，你却跟着说了十几句。特别是有人当众说你比上司更有才华时，上司不仅会因此感到自尊心受到伤害，而且也担心你太过"醒目"，会突然跳槽而把公司的业务弄糟。

小张是某名牌大学的研究生，今年刚毕业就被分配到了一家研究所工作，由于是名牌大学毕业的，又加上自己年轻气盛，所以对自己身边的同事都有些看不上。因为自己从事的工作和自己所学的专业是相同的，所以自认为比原来的那班人马懂得多。

刚上班时，领导和同事们都摆出了一副多提意见的态度，让他受宠若惊，于是工作伊始，他便大谈特谈对研究所的改革意见。上至领导的工作作风和方法，下至研究所平时的作息时间、工作程序、机制与发展规划，大大小小列出了上百条改进意见。

领导看到这些改进意见，表面上掉头称赞，同事们也都拍手叫好。可是结果却让小张大失所望，研究所原有的政策一点没有改变，自己还成为了处处惹人嫌的人。本想着来研究所大展身手，没想到招惹了领导，让自己在研究所这一年多的时间里都无所事事。

胸怀大志的小张无法继续忍受现状，于是主动递交了辞呈，跳槽走了。临走前，领导还假情假意地拍着他的肩头说道："太可惜了，我还想大力提拔你呢，让你以后接替我的位置。"小张皮笑肉不笑，揣摩着"太可惜"三个字苦笑着离开。

小张的事情在广大年轻人中非常普遍，你想改变的不是工作，而是你上司对于威胁的感知。如果你认为已经抓住了问题所在，首先可试探一下对自己的行为作出轻微的修正是否能缓解或消除这种威胁。在任何一个机构，你的光芒盖过上司都是不明智的，除非你已经准备好并且有兴趣进行权力争夺。大多数情况下，让你的上司保持一个受尊敬的形象只会对你的成功更有利。如果你以上司的形象来表现自己，你可能选择了短期的荣耀却放弃了长期发展。这是一种不幸的选择！

如果你确信自己只是由于表现超过上司而不小心给自己带来麻烦，你所需要做的只是找个办法与上司分享光荣，或至少把自己的成功部分地归功于上司。在多数企业组织中都有个不成文的规定，雇员的成功不仅仅由于他们的行动，而且要归功于他们的上司。违背这条规定就会使自己受到来自上层的敌意对待。

到了这种程度，你应想办法弥补失误，比如公开声明上司对你工作的帮助，或有意让上司介入你的行动。这可以减少最终会对你的事业起破坏性作用的并发症。如果你想与上司竞争，就准备好战斗。在进入与上司的权力竞争之前，你要确信你所在的企业能允许这种挑战，最重要的是，要确信你已有了这个本钱。

生活中我们都是要强的人，一心追求卓越，但却经常锋芒过剩，触怒了别人的利益。因此，学会保持一种低姿态，在低调中做事。低调做人无论是在官场、职场还是商场都是必不可少的行事准则。懂得谦卑的人，必将得到人们的尊重，受到世人的敬仰。低调做人，往往是赢取对手的资助、最后不断走向强盛、伸展势力再反过来使对手屈服的一条有用的妙计。

在现实生活中，你可能腰缠万贯，权高位重，甚至声明显赫，如果你能放下身段，还自己一个普通人的本来面目，这样才能赢得周围人的好感，迅速地和其他人打成一片而又不失身份。

现实生活中很多人是完美主义者，他们时常处于追求完美的过程之中。由于完美主义者不能忍受身边的不完美，所以他们看到不完美的东西之后就会草草制订计划并马上执行。但是过不了多久，就会因为手中有太多的计划要实行而令自己苦恼不已，最终不得不放弃。久而久之，完美主义者就会在挫败和庸庸碌碌中无法自拔。

不要做苦恼的完美主义者

现实生活中很多人把追求完美作为一个良好的品质，但实际上事事追求完美会令自己非常疲惫。因为完美主义是虚幻的代名词，世界上根本没有真正的完美，即使你做得再好，也永远达不到完美。

完美主义者的最大特点就是追求完美，他们不满足于现状，将精力投入到与之息息相关的生活和工作中去，努力使其完美，而其结果是否能实现，是否会完美，却只能打一个大大的问号。

松子非常喜欢自助旅游，一次他在旅游途中遇到了一个很奇怪的老人。这个老人一看就知道是从远方来的旅人，他背着一个破败不堪的包袱，脸上布满了风霜，鞋子因为长期行走也破了几个洞。虽然老人显得很狼狈，却有一双炯炯有神的眼睛，不论是在行走还是在休息，他的目光始终关注着来来往往的人，似乎在寻找着什么。老人的外貌和双眼组成了一幅极不协调的画面，吸引众人的目光，人们窃窃私语，认为他不是一个普通的游客，一定是在寻找什么。那他到底想找什么呢？松子在好奇心的驱使下忍不住问道："你是在找什么人吗？"老人回答道："我在像你差不多大的时候，发誓要找到一个完美的女人并且与她结婚。所以我从家乡开始寻找，从一个村庄到另一个村庄，一个城市到另一个城市。不过遗憾的是，我到现在都没有找到一个完美的女人。"

松子继续问："那你找了多长时间呢？""有六十多年了。"老人叹了口气回答道。"天哪！难道六十多年来您都没有找到过一个完美的女人吗？这个世界上是不是根本就没有完美的女人？如果是的话，那您找到死也不会找到的啊！"周围的人发出惊呼。"有的！这个世界上是有完美的女人的，我在三十年前曾经遇到过。"老人斩钉截铁地说。

"那您为什么没有和她结婚呢？"人们继续问。"三十年前的那个清晨，我真的遇到了一个完美的女人。她身上散发着迷人的光彩，就像是坠落凡间的天使。她温柔而善解人意，她细腻而体贴，她善良而纯净，她天真而庄严，她……"老人完全陷入了美好的回忆之中。"那么，您为什么没有娶她为妻呢？"松子更着急了。"我立刻就向她求婚了，可是她不肯嫁给我。"老人叹了一口气。"为什么？"松子更好奇了。"因为……因为她也在寻找这个世界上最完美的男人！"老人无奈地说。

生活中有很多人像这位老人一样，终其一生都在寻找一位完美的伴侣，寻求一份完美的工作，追求一种完美的生活，然后日子就在不断地寻找中悄悄溜走了，然后在痛苦中度日，与其追求不能实现的美丽，不如把握当下的幸福。

追求完美既是一种正常的渴望，也是一种悲哀，因为现实生活根本没有完美的东西，如果一味地追求完美，那么最终会作茧自缚。人生旅途中，永远不要背负着"完美"的包袱上路，否则你将永远陷入无法自拔的矛盾之中，最后也只能在苦恼中老去。

完美主义者经常会对做事不细致的人感到厌恶、无法忍受，并暗自批评这些人对生活不负责任；他们经常想，如果某件事那么做的话结果可能会更好；

他们经常对自己和他人感到不满，挑剔自己和他人做的所有事；他们做事必须亲力亲为，认为别人不能把事情做好。在这种心态的趋势下，完美主义者希望能早日完成计划，但是往往很难做到，因此他们更容易发怒和激动。

完美主义者要改变自己，首先要改变思维方式，要知道完美只是一种理想的境界，是一个目标，而生活是体现这个目标的过程，我们所做的任何事情都是追求完美的一部分而不是全部。

曾经有个渔民打捞到了一颗硕大的珍珠，但是他发现珍珠有一个斑点，为了让珍珠看起来更完美，他不停地打磨，结果越打磨越深，珍珠也越来越小，终于变成了珍珠粉。世间的一切都不可能尽善尽美，只要努力了，就无愧于心。

其次，完美主义者在改变的时候要分清楚重点和非重点，要先处理好主要问题，细枝末节的事情要放在次要位置。追求完美的人做事情容易犹豫不决，往往会把时间和精力浪费在如何做到完美，而不是把时间放在解决主要问题上，因此效率可能会不高。

最后，完美主义者要确定一个合格的标准。如果说满分是100分的话，60分是及格，70、80分比较好，90分以上就很优秀了。如果是自己做一件事，你可以要求必须做到优秀，但是如果是与别人共同完成，那么你就要配合合作伙伴的标准，因为任何人都没有权利要求别人和你一样。

平静的湖水，投入一颗石子，才会有生动的涟漪；蔚蓝的天空，掠过一群飞鸟，才会有深邃的意境；平淡的人生，需要一点波折，才会产生活力。人生不必太完美，有个缺口其实更有一番韵味。

现实生活中其实根本没有完美的东西，如果过于偏执，一味地追求完美，那么最终会作茧自缚。人生旅途中，永远不要背负着"完美"的包袱上路，否则你将永远陷入无法自拔的矛盾和苦恼之中。

在工作中，往往有许多人掌握不好热忱和刻意表现之间的界限，给人的印象就是过分刻意的表现自己。不少人总把一腔热忱的行为演绎得看上去是故意装出来的，这些人学会的是表现自己，而不是真正的热忱。真正的热忱绝不会让同事以为你是在刻意表现自己，也不会让同事产生反感。很多人说话总是直言不讳，认为自己很坦诚，其实有时带有高人一等的优越感，让人很不舒服。这种把直性子当成单纯，遭遇到的便是同事的远离和人际关系的危机。

直言不讳有时是高人一等的优越感作怪

有人说："自我表现是人类天性中最主要的因素。"人类喜欢表现自己就像鸟类喜欢炫耀美丽羽毛一样正常。但刻意的过度自我表现就会使热忱变得虚伪，自然变得做作，最终的效果还不如不表现。

据说丘吉尔虽然平日爱用夸张的词汇来自我表现，但是在关键时刻他却会用英语说："我们应该在沙滩上奋战，应该在田野、街巷里奋战，应该在机场、山冈上奋战——我们，绝不感激投降。"请注意，他说的是"我们"，而非"我"。这才是真正正确的表现方式。后者给人以距离感，前者则使人觉得较亲切。"我们"有着"你也参加"的意味，往往使人产生一种"参与感"，还会在不知不觉中把意见相异的人划为同一立场，并按照自己的意图影响他人。善于自我表现的人会杜绝说带"嗯""哦""啊"等停顿的语气词，这些语气词可能让人觉得你对开诚布公还有犹豫，也可能让人觉得这是一种敷衍、傲慢的语气，而使人反感。

很多人在谈话时，不论是否以自己为主题，总是有意或无意地凸显自己，力图把话题转移到自己身上，或显示自己的某方面优势。要知道，这只会让人觉得你表现欲太强，从而产生反感。多用耳朵，少用嘴巴，是办公室里不变的训条。

在办公室里，同事之间本来就处在一种隐性的心照不宣的竞争关系之下，如果一味刻意表现自己，不仅得不到同事的好感，反而会引起大家的排斥和敌意。

职场中，人人都希望出人头地，希望得到别人的肯定性评价。这也合乎鬼谷子说的"英雄一旦找到了用武之地，就应该积极进取，建功立业"的观点。但是表现自我的同时，也不能不顾别人的形象和尊严。如果某位同事的谈话过分地显示出高人一等的优越感，这无形之中是对他人自尊和自信的一种挑战与轻视，排斥心理，乃至敌意也就不自觉地产生了。所以，与同事相处，能做到"捭而内合"才是最高的境界。

职场上有很多人，说话总是直言不讳，认为自己很坦诚，但大多时候都会让人难以接受。很多这样的人他们把"没城府"当成优点，把直性子当成单纯，但遭遇的都是同事的远离和人际关系的危机。

如果你是一个成熟的人，说话做事是必须要考虑别人内心感受的，这是对别人最起码的尊重。如果你真是一个善良的人，说话做事一定要站在对方的角度去看问题，而不是口无遮拦，这是自控能力差的表现。

一个人连嘴都管不住的人，那就别指望他能做好其他的事情了，直言不讳只会发生在小孩子和一些头脑简单四肢发达的家伙身上。所以，如果你是这样的人，一定要趁早改变：

1. 当与同事意见不统一时，一定要私下里，找个没人的地方，单独跟他谈。千万不要打着"为他好""忠言逆耳"的幌子，当众指出别人的错误。记住，人都是爱面子的，你的好，如果伤害别人的面子，那你的好，只会让人厌恶。

2. 不要自视清高，即便你的能力再强，哪怕是装，也要偶尔请教或求助别人。如果你以高姿态自居，那你的同事会敬而远之，久而久之你就会变成孤家寡人，一个人际关系不好的人，即便本事再大，我想老板也不会让你当领导，因为你不服众！

3. 低调、谦虚、不炫耀自己的能力、业绩。要学会虚心跟别人交流，每个人都有自己的优缺点，三人行必有我师，同事之间应该共同探讨，互相帮助才能使工作更容易做。

职场上，如果你是一个成熟的人，说话做事时就必须要考虑别人的内心感受，这是对别人最起码的尊重。如果你真是一个善良的人，说话做事一定要站在对方的角度去看问题，而不是口无遮拦。

随着工作场合变得越来越复杂，对与工作有关的人际关系进行有效管理成为经理人必不可少的一项技能。当你与你的下属或客户身陷猜忌、互不信任的工作情境下，而导致双方的关系不是那么和谐时，你应该在不失机敏和尊重的前提下直言不讳。

有技巧地直言不讳胜过沉默不语

企业员工常常有这样一些行为：拒绝与同事进行沟通，制造而非缓解紧张气氛，任由陷于困境中的同事面临"要么改进，要么走人"的选择。作为经理人，你是可以打破这种"一切照旧"的同事相处之道的。在一些典型的工作情境下，你应该直言不讳，同时又不失机敏和尊重。说话时如能做到心平气和、礼貌待人，你就能明确无误地向别人表达自己的期望，而不是盲目地以为对方自会明白你的意思，或在沉默不语中自己郁闷不已。

[当团队里有人飞短流长时]

"我无意中听到我的一个直接下属杰尔，跟一位同事在背后议论团队中的另一个成员卢，并说了一些诋毁性的话。我不知道是应该对此置之不理，还是要向杰尔提出来。"

如果你打算减少团队成员在私下飞短流长的现象，可以考虑采取两种方法：公开纠正和私下纠正。假如你想采取第一种方法，那么就有必要在团队会议上向每个成员明确指出："我希望我们这个团队遵循坦诚沟通的原则。这意味着我们应该直截了当地向彼此询问反馈意见并分享它们，这还意味着我们不应该保留建设性的反馈意见，或者将这些意见变成毫无意义的私下议论。关于这个目标，你们其他人有什么意见吗？"

要允许大家对之进行讨论。如果他们看上去赞同你的说法，你就可以说，"很好。大家可不可以都对它负起责任来呢？"这样，下次再听到有人在背后议论别的同事的时候，你就可以旗帜鲜明地指出他的不是了。如果真的出现这种情况，就将它当作一次教育的机会，并这样鼓励建设性的反馈意见："我一直听到有人在议论卢被提升为项目经理这件事。大家都知道，团队中有好几位都申请了这一职位，但只有卢成功获得提升。我知道这是个敏感话题，我想花点时间说一说我认为卢会给这个职位带来什么。同时，如果大家对这一选拔过程存有疑问，请提出来。"

无论是否采用公开途径，你都可以单独和杰尔开个会，讨论一下你们各自的顾虑是什么。告诉他，你听到了他议论卢的那些话，并且直截了当地问他，他对卢或其工作表现有没有什么疑问，并且认为是你应该知道的。他很有可能会退缩并且否认之前的说法。若是这种情况，你可以告诉他，你只是想确认一下。因为，如果真的有问题的话，你希望可以出面解决它。杰尔可能真的有一些合情合理的担忧。如果是这样，你可以想一想，是你自己同卢谈一谈合适呢，还是让杰尔直接向卢提出他所关心的问题。不论做出什么决定，你的基本观点就是，公开反馈大有裨益，私下议论则有害无益。

[当下属令你发怒时]

"偶尔，我会对员工发脾气。上星期，当我的助手把我日程安排上的约会搞混了时，我就冲她大喊大叫，说她很不称职。我知道，当他们的行为触怒了我的时候，我需要找到一个更好的办法来平息我的怒火。但是，我该怎么办呢？"

人们有时候会认为，只有那些柔弱的人才需要学习如何变得坚定和果断起来。然而实际情况却是，面对问题，咄咄逼人同消极被动一样于事无补。而且，由于敌对态度比怯懦退避更加明显，因此它会使你更快地陷入麻烦。即便你是老板，你也不能逃脱这种行为带来的不良后果。

具有讽刺意味的是，许多容易大发雷霆的人反而更需要培养向别人表达自己的愿望、需求等的技巧。例如，在给直接下属布置任务之前，他们应该先想清楚那些模棱两可的东西；应该事先讲清楚分配下去的任务的具体内容，包括由谁在什么时间、什么地点以什么样的方法完成什么事情，等等。

通过接受一定的培训，你不仅能更有效地管理好员工，还能更好地控制住自己的情绪。要学会辨认自己在火气上升时会有哪些症状出现，你可能会紧咬牙关，也可能会觉得胸闷气短。

另外，警惕那些会使你的情绪火上浇油的想法（例如，"她一贯都是这样"或"这样的错误会使整个项目前功尽弃"）。如果你觉得自己的火气在上升的话，尝试着改变一下想法，看自己是不是能从更中立的角度去看待这一局面，而不要带着个人情绪甚至于把事情推向灾难的边缘。做几下深呼吸，喝口水或围着办公室走一圈。尽量不要同让你生气的人讲话，直到平静下来为止。试着把能说的话写下来，删掉会让人发火的内容，然后再去和相关的人交谈。学会在表达失望或不满时，用第一人称"我"，而不是第二人称"你"。"我对这份报告不太满意"听起来要比"你这样做不对"好一些。

在处理这些问题时，要对自己有耐心。同自己生气与生下属的气一样，都是不能解决问题的。如果你没有控制住自己怒气，对某人发了火，那么就道一下歉，并让对方知道，你以后会努力改进的。

[当客户大发雷霆时]

"我最烦客户拿我撒气。不管有没有理由,他们就是不该大喊大叫并且抱怨连天,然后没完没了。有时候,跟他们讲话几乎插不进嘴,我觉得自己随时会爆发。我该如何处理这种不愉快的局面呢?"

当客户发火时,我们的本能通常是针锋相对。不过,这可不是聪明的做法。相反,要尝试通过下面三个步骤来平息客户的火气:保持冷静,找出问题和缓和怒气。

1. 保持冷静。尽管说起来容易做起来难,但是与火冒三丈的客户打交道的第一原则,就是不要把他的愤怒情绪看作是冲着你个人来的。不要进行辩解,这只会使对方更加愤怒。

2. 找出问题。要学会倾听对方。然后扼要地重述或总结客户所说的问题,并弄清他的真实感受,以此来表示自己的理解和认可。再问一些问题以获取进一步的信息,并弄清客户的担忧是什么。要找出抱怨背后的问题。

3. 缓和怒气。向客户表示你完全明白他的意思,也理解他的处境。先以这种方式来缓和客户的怒气,然后再提出解决方法,这一点至关重要,否则他可能会觉得你根本没有听他说的话。如果客户只是在发火而没有提出具体要求,那么在听过牢骚之后,你可以通过这种问题来重新控制一下局面:"你认为出现这种情况应该用什么办法来解决呢?"

有人朝你发火,你可能忍不住就会针锋相对,但是这样做在绝大多数情况下是没有好结果的。客户发火时如果你能探其究竟,那么他很可能在气消之后很长时间内还会继续与你合作。

[当客户发来邮件痛斥你]

"有一位客户给我发了一封电子邮件,字里行间充满着火气。他给我罗列了一大堆罪状,大多数的确是毫无根据。我是否应该写封回信为自己辩解呢?"

对客户的抱怨,你应当注意其中积极的一面,因为至少有两点让我们觉得欣慰:客户是在抱怨而不是简单地消失了,这样就给了你做出回应和扭转形势的机会;客户向你抱怨要比他向别人抱怨你好,后者可能会使其他潜在客户离你远去。

在给客户写回信之前,自己要在心中将上述两条至少默念两次。但即使到了这个时候,也要再读一读客户的邮件,看看那些愤怒的言辞背后是否隐藏着什么真正无法回避的东西,要对客户的抱怨表示同情和理解。

可以考虑通过电话或会面这些更直接的方式和客户接触,而不是通过电子邮件回应。以一种更直接、更个性化的方式做出回应有助于向客户表达你的关切之心。因此最好是给他打电话说,"我看了你的邮件,而且明白你对某些重要问题感到很气愤。我愿意过去听听你的想法。今天下午你有空吗,什么时候都行?"

也许这种做法看上去比用邮件回复更耗时,但实际情况也许并非如此。与客户进行面对面的交流是值得你花时间去做的,这样你可以更好地了解客户的担忧,更好地表达你的同情,并纠正可能发生的误解。

当你与下属或客户身陷猜忌、互不信任的工作情境下,面对问题,咄咄逼人同消极被动一样于事无补。即便你是老板,你也不能随便发脾气、大发雷霆,要培养向别人表达自己的愿望、需求等的技巧。

孟子有云，无征不信。这个道理放到与人交谈中同样适合。一个人对另一个人做出评价、建议或指导时，一定要先掂量一下自己有没有这个能力，是否足以支撑你说出这些话的资格。不然，这些话就很直了，会让人不舒服。也许，大多时候标榜自己说话直的人，只是不愿意花心思考虑对方的感受。其实，也可以这样理解，他不是脾气直，而是自私。他都不愿意为了别人费点功夫说话委婉一点，别人又何必要因为他的所谓的直强忍不舒服的现实呢。

你不是直，而是因为你不愿意改变

看过一个演讲：《我们都误解了信任》，这个演讲的中心意思就是，当你所说的话语描述和你本人的形象、能力不符时，你就不值得被信任。

举个最简单的例子：你工作中出现点小状况，上司来指导，你会认真聆听吸取经验教训。倘若同事来对你的错误谈论并建议你，除了心很大的人会接受，大部分都会在心里想或直接说出来：你算哪根葱，凭什么说我！

老话说得好，不要只做语言上的巨人，行动中的矮子。说过很多大道理，仍然没有人信任你，会不会更悲哀？

想要让别人接纳并听取你的建议，首先要自己有底气，强大之后，才会拥有让别人信服的资格。我们从来都是看一个人的外在表现来评价这个人的。

譬如谈恋爱的时候，男朋友没有什么实力，但因为你接触过，知道他的努力奋斗，你会判定他是潜力股。而你的爸妈，只是简单的见一面，肯定是通过他的薪资，有无房产等来评判这个人。

人们在说别人太过势利眼的同时，其实自己也在做同样的事情。一个明星背个帆布包，也会有大批的人说一定是个小众低调品牌。一个月薪不到三千的普通人，哪天背个爱马仕，估计同事连问都不问直接判定为高仿假货了。

看看，你都做不到毫无条件的相信人，为何还要在和对方不怎么深入接触，或者关系并不太熟悉的时候，直言不讳还强硬的让他们接受你的话呢？

你的言语太重，而你在他人的心中分量还很轻，这话就会扎疼人了。

也许，你不是直，而是太自私太懒得改变。宗萨仁波切说过这样一句话："大多时候标榜自己说话直的人，只是不愿意花心思考虑对方的感受。"

现在貌似流行道德绑架，道德压制。许多电视剧里经常有这样的情景，某个人不分缘由，先来一句：请你一定要原谅我，不然我就跪着不起来了。真真是叫人为难死了，不答应吧，感觉像是在欺负人家，不讲人情，答应了吧，鬼知道后面会有什么话什么不好的事儿在等着。

这样的人，不是脾气直，而是自私。你都不愿意为了我费点功夫说话委婉一点，我何必要因为你所谓的直强忍不舒服的现实呢。

上班的时候，经常会遇见一些所谓标榜自己说话很直的人，可我发现大部分他们都是直直的对待下属或者是同事，至于朋友之间的相处，倒不清楚。

但人家对待上司的时候，可没见到有什么很直的语言，一个个的都是辞藻谨慎带着恭敬，礼貌得很。这样的人，他们直，是有选择的。那些在他们心中不太重要或者能得罪起的人，就是所谓的承受他们直脾气的人。

许多人喜欢打着自己清新不媚俗的标签，把说话直等同于真诚和直爽，这真是一个天大的错误。真诚的前提是真心实意地为别人着想，为别人着想就会尽最大努力做到让别人舒服，避免让对方为难。而直爽可不代表着不懂礼貌没有修养，这个偷换概念做的真是很可怕。

人自从生下来，就在不停的开始学习，说话也是，从一个简单的音符，到后来的长篇大论。没有什么"我这人就这样"的说法，只是你不愿意改变而已。

你愿意怎么样是你的事儿，没人逼你改变。但如果因为你的不愿意改变而让别人也要和你一样，不一样的话就是错的，就是媚俗，那就是你的错了。

人都要为自己的行为承担后果，所以，不要让别人承受你的直，那是你自己的情绪，和别人无关。心直不一定口快，出口前请过滤一下你要说的话。

自命清高与所谓的清正、高尚无涉，也并不是真正的超凡脱俗，相反，通常情况下自命清高只是一些人逃避生活的懦弱表现。自命清高的人本身就和生活中的现实是有一定距离的，说具体点，是和现实生活格格不入的。生活需要朝气蓬勃，生活需要形形色色的人们来衬托。如果你不适应这种生活，说明你已经脱离了生活，生活也将抛弃你。

自命清高直来直去，难以适应现实生活

直性子的人几乎都认为自己有铮铮的傲骨，凡事有自己的一套行为准则，蔑视世俗，骨子里透着一股天然的清高。然而，清高并非超凡脱俗，过度的清高有时也会演化成一种自我粉饰。

如今，自命清高一词多指自以为是，常用以指看不起别人的人，含有贬义色彩。在现实生活中，自命清高也是孤芳自赏的代名词。如果你身边有这样一个自命清高的人，你想过如何与他相处了吗？如果你就是一个自命清高的人，也许你认为你已经看透了人生，早已对生活产生了出家人那种"跳出三界外，不在五行中"的想法，但是你却不知道的是，与此同时，生活也早已抛弃了你。因为，你已经不适应生活，生活也就不再需要你。

自命清高的人其实不懂得怎样去生活，这类人心胸很狭窄，他们看不惯生活中存在的邪恶与善良。他们对充满邪恶的人怀有一种仇恨的心理，但又感觉善良的人太傻。所以，他们想塑造一种全新的自我与生活抗衡。

他们也明知道将成为生活的俘虏，被生活所玩弄，但他们还是选择了自命清高这条路。

自命清高的人下场很可悲，因为他们不知道上帝从一开始就给他们设计了一个可悲的圈套和孤立的局面。所以，他们才对生活中的非议感到大惊小怪；所以，他们才埋怨生活，痛恨，甚至仇视人类和生活；所以，他们的心理总是感到不平衡。

自命清高的人脾气很倔强，强得眼里容不下一丝邪恶。自命清高的人很可怜，可怜得在他们受伤的时候，没有人去同情他们，反而都说他们是个大傻瓜。

作为直性子的人，有必要反思自己言行的正确性，你对他人的评价是否绝对客观和中肯呢？如果你是一个非常清高的人，也就意味着你和别人保持着很大的距离感，在重重的阻隔之中，你又是如何一眼看透别人的呢？有时你认为自己完全看透了世俗，很多时候都是雾里看花，因此不要轻易下结论，不要扮演孤高的判官角色，感受一下市井生活的明媚和美好，即使看到了阴影，也不要否决阳光的存在。

人的生命是短暂的，人要万分珍惜生命。要把精神放在一个相对自由的位置，不执著于物质名利的追求，看重人与人相处的缘分，多些慈悲与关爱，知道自己活着的意义并体味其意义，那么身心就会解放快乐。究竟怎样才能改变不合群的性格呢？

1. 学会关心别人

如果你期望被人关心和喜爱，你首先得关心别人和喜爱别人。关心别人，帮助别人克服了困难，不仅可以赢得别人的尊重和喜爱，而且你的关心也会引起别人的积极反应，会给你带来满足感，并增强了你与人交往的自信心。

除了关心别人以外，有了困难你要学会向别人求助，因为别人帮助你克服了困难，你的心理当然就会从紧张转为轻松，这不仅使你懂得了与人交往的重要性，而且由于你的诚挚的致谢，别人也会感到愉快，这就达到了人际之间的情感交流。

2.学会正确评价自己

在人际交往中，你对自己的认识越正确，你的行为就越自然，表现也越得体，结果也就越能获得别人肯定的评价，这种评价对于帮助你克服自卑和自傲两种不利于合群的心理障碍是十分有利的。

此外，人在评价别人时难免带有主观印象，结果常常因此而"失真"。比如，人们常常根据对方的一些个人资料(如籍贯、职业等)来推断此人的性格，如认为会计总是斤斤计较，小气万分的。这种错误的人际知觉，当然使你难以与人和睦相处。因此，只要你能认识到这些人际知觉中的偏见，并不为之所囿，你就能合群了。

3.学会一些交际技能

如果你在与人交往时总是失败，则由此而引起的消极情绪当然会影响你的合群性格。如果你能多学习一点交往的艺术，自当有助于交往的成功。例如，多掌握几种文体活动技能，如打球之类，你会发现自己在许多场合都会成为受别人欢迎的人。

4.保持人格的完整性

保持人格完整的最好办法，是在平素的接人待物中，把自己的处事原则和态度明白地表现出来，让别人知道你是怎样一个人。这样，别人就会知道你的作风，而不会勉为其难地要你做你不愿做的事，而你也不会因经常需要拒绝别人的要求而影响彼此间的人际关系了。

5.学会和别人交换意见

合群性格的形成有赖于良好的人际关系，而良好的人际关系始于相互的了解，人与人之间的相互了解又要靠彼此在思想上和态度上的沟通。因此，经常找机会与别人谈话、聊天，讨论某些问题，交换一些意见是十分必要的。

其实平易近人一点，沾染一点尘世的烟火气并没有什么不妥，这和做人的原则无关，你可以看不惯不公正和非正义的事情，但是千万不要在自己和他人之间构筑起一道不可逾越的高墙，用刺耳的直言切断与他人的联系，使自己陷入孤绝的境地。

虚荣心是你的自尊心在作祟。托尔斯泰说过："没有虚荣心的人生几乎是不可能的。"此言确为至理，因为人人都有追求荣誉的欲望。一个人只要有追求荣誉的欲望，就不可能没有虚荣心，本质上是自尊心在起作用。自尊心追求的是真实的荣誉，但如果过分了，自尊心就变成了虚荣心，而虚荣心追求的即是虚假的荣誉。荣誉感促人向上，虚荣心使人向下。虚荣心很难说是一种恶行，然而一切恶行都围绕虚荣心而生。

自尊心在作祟：别让自己成为带刺的"玫瑰"

虚荣心是人类普遍具有的一个性格弱点，虚荣心是你的自尊心在作祟，即追求表面荣耀之心，是一种不良的心理品质。自尊心追求的是真实的荣誉，但如果过分了，自尊心就变成了虚荣心，而虚荣心追求的即是虚假的荣誉。

无数事实表明，正常的社交关系都因虚荣而丧失了，虚荣心是你的自尊心在作祟。要想在世界上寻找一个毫无虚荣心的人，如同寻找一个表面毫不掩饰低劣感情的人一样困难。心理学家告诉我们：虚荣是人生的矛盾，它很可怕，而且这可怕的范围几乎是无限的。虚荣心是你的自尊心在作祟，虚荣的方式是多样的，正如海洋一样无限，从人种、身体到眼睛、鼻子、头脑，都值得人们自夸。母亲以孩子为炫耀对象，男人吹嘘比女人更有本领，富人嘲笑穷人的寒酸，可以说虚荣的圈子是整个世界的。

在公司招聘中发现，越是初出茅庐的大学生，自尊心越是强烈。虽然他们表面上看起来对你毕恭毕敬很听话的样子，但实际做起事情来便有分晓。公司通常在新入职的员工不了解公司业务的时候，都会安排他们独自一个人进行街边手递手推广业务。这项看似普通又简单的工作却足以看出了一个人的职业心态。

一个能够放下自尊去做事情的人，看的是目标结果；然而过分强调自尊的人，在做事情的时候，总是希望有人陪自己做同样的工作，那样会让他觉得不会那么难堪。对于那些还停留在一穷二白阶段却又无比渴望成功的人而言，被过度强调的"自尊"都无疑是前进路上最大的绊脚石。

自尊原本是个褒义词，用于一个人对自己的严格要求，让人知进退，懂荣辱。一个高自尊的人，为了赢得他人和社会的尊重，踏踏实实的拼搏奋斗，严守社会的道德标准，永远让自己体面有尊严的活着。然而在一些脆弱而敏感的人看来，自尊却成了要求他人的一件利器，面子比友情大，比亲情大，甚至比天都大，这其实是他承受不了过度的自尊。

例如，电影《老炮儿》里冯小刚的儿子用钱迫在眉睫，却仍然固执的强调面子问题。再比如有些毕业生在家啃老，却总关注着别人对自己指指点点和谁从口袋里掏出什么牌子的烟这些问题上。人的精力是有限的，强调自尊着眼于小事，就做不了大事。

太要强太敏感的自尊，其实来源于自卑。而尊重是随着价值的提升得到的。

首先，请承认人与人之间的巨大差距。不要用我们之间是平等的这样的话来骗自己，别去愤愤不平世界的不公平，别指望别人用相同的态度来对待你，也不要斤斤计较自己心理阴影的面积。

其次，不要指望所有人都会热心的帮助你，还必须用你希望的方式。该求人的时候，把姿态放低，别以为一切都是天经地义。一个人经得起多大诋毁，熬得住多少苦累，才能担得起多少赞美。

马云曾经有一段视频在网上疯传，1996年，这个又矮又瘦的年轻人骑着自行车，挨家挨户推销自己的黄页，大部分人甚至连门都不开。镜头记录下了他曾经所有的窘迫与无奈，也见证了他许下的誓言，他说：再过几年，北京就不会这么对我，再过几年你们都会知道我是干什么的。二十年后，他做到了，这才是一个人真正的自尊。

其实好胜心强并没有那么坏，每个有事业心的人都有很强的好胜心。而且有了这种好胜心，即使做不愿意做的事也能坚持下来。

然而，有的人某个方面很强，第一名对他来说是司空见惯的，是很正常的，这说明他在这方面的实力的确很强，总想争强好胜是在情理之中，无可厚非。但是如果在别的什么事情上都很好强的话，他就会觉得很累，不管什么事情他都想做好，不仅整天心情郁闷甚至会影响健康，事实上也是不太可能的。

所以，该好强的时候就全力以赴做好，比如说工作；跟自己发展关系不大的事情不要太在意。你可以这样想，每个人即使是笨蛋他也有自己擅长的方面，如果你什么都想做最好，那别人不就一无是处了嘛。你应该学会佩服别人，发现欣赏别人的优点，学会与别人团结合作，这点非常重要。

另外，如果总想把事情做到最好，在别人夸奖时自己的好胜心与虚荣心得到极大满足，感觉很好，同样，别人说你不好时或者在你面前说别人好时你就会生气嫉妒。因为在你的意识中，只要做得不是最好，或者没有得到别人的认可就有很大的挫败感，自己的自尊心就会受到伤害。这种观念一定要改变。

好胜心强并没有那么坏，每个有事业心的人都有很强的好胜心。而且有了这种好胜心，即使做不愿意做的事也能坚持下来。我们需要警惕的是，不要让自己的自尊心过分膨胀，如果过分膨胀了，会承受不住这份自尊而走向虚荣。

不发怒少烦恼：
沉住气才能成大器

把喜怒哀乐藏在口袋里，
不要轻易地拿出来让别人看见。

所谓大丈夫喜怒不形于色，就是对于城府很深的人，在高兴和愁苦时他从来不表现在外面，即很难从他的表情和举止判断他的内心活动。虽然"喜怒不形于色"有损健康，但是这样的人很难对付，当你在和他谈判时，你不了解他内心的活动，这将是令人可怕的，但要达到这样的水平很难，据说就连诸葛亮也很难做到，于是只好拿一个羽扇来把脸遮住。对于普通人来说，尤其是在面对失败的时候，一定不要过分苦恼、痛苦，甚至迁怒于人，须知这样不仅得罪人，还会于事无补。

大丈夫喜怒不形于色

人应该始终保持一个平和的心态，在你为取得一点成功而沾沾自喜时，千万不要高兴太长时间，一定要及时静下心来，为更大的发展而努力；在你为暂时的失败而苦恼时，千万别一蹶不振，也要静下心来，寻找失败的理由，以备东山再起。

在股票这个行业，如果你是一个庄家，你在做庄时应该保持平和的心态，因为这样才能使你有耐心，才能做出更正确的判断，才可以赚更多的钱。如果你是个散户，也要如此，在股票下跌时，不要恐慌，及时分析来判断到底是及时出货还是继续持有，在赚得很大一笔钱后，应该及时修正，刀枪入库，马放南山，自己到名山大川去游览一下，可以使你在以后可以继续保持清醒的头脑，释放你不形于色的压力。

总之，为达到喜怒不形于色的能力，应保持平和之心，实在不行就学一下诸葛亮。如果实在达不到，也不要硬去达到，因为人人都不同，如果世上人人都可以喜怒不形于色，那么这个世界将变成什么样子？但保持平和心却是非常必要的！

我们中国有句俗话说："大丈夫喜怒不形于色"。对于城府较深的人，有时很难从他的表情和举止判断他的内心活动。然而，人的内心活动总能通过某种外化的形态表现出来，有的甚至通过人们某些下意识的动作和某些姿态表现出来。

做到喜怒不形于色，能体现一个人的阅历和性格。城府深的人自然不会把喜怒挂在脸上，成功人士或者是社会经历比较丰富的人都是这样。要想做到这一点就要让自己尽快成熟起来，遇事做到先听，再看，后想，不要急于表态，事事都要考虑周全，你就会发现自己变得成熟了许多，就不会让别人一眼看透你的心思。遇事少说话，少表态，忍字当头，遇人遇事先忍三分别冲动，让自己冷静下来，用理智的思维去思考和看待周围的一切，保持清醒理智的头脑，你自然就不会把喜怒挂在脸上了。

一般人遇喜都会兴奋，遇悲则哀伤不已，内心的情感更是难以控制。对于一个领导者来说，如此地表现就会带来很多问题。因为社会上有很多人善于察言观色，他们会根据你的喜怒哀乐来调整和你相处的方式，并进而顺着你的喜怒哀乐来为自己谋取利益。你也会在不知不觉中，意志就受到了他人的掌控。如果你的喜怒哀乐表达失当，有时会招来无端之祸。因此，高明的领导者一般都不随便表现这些情绪，以免被人窥破弱点，给他人一个有机可乘的机会。

大概在1600年前，东晋偏安江左，建都建康（今南京），当时北方民族势力强盛，不断地以武力压迫东晋，司马王朝深受其苦。那个时候东晋是由谢安担任宰相的。有一次，北方前秦大举南侵，以号称百万的大军渡江南来，而东晋迎敌者只有数万人，以寡敌众的例子，古来即多，但彼此的兵量悬殊如此之大，却使东晋人民失去信心，人人准备再度逃难。惟有宰相谢安，虽处于非常局势中，却仍冷静沉着。当他一切准备妥当后，便悠闲自在地饮酒下棋，好像不知道前方有战争一样。在谢安的运筹帷幄下，加上天时、地利、人和，东晋艰苦地打赢了这场战争，获胜的消息很快地传回京城的宰相府邸，这时，谢安正与人对弈，看完捷报后，谢安仍若无其事地下棋。客人好奇地问着："有何要事吗？"谢安答道："没什么，只是前方的战士把敌人击败了而已。"

在客人面前，即使是大获全胜，谢安也不改其沉着的态度。送走客人后，谢安返回屋内时，一不小心踢到门槛，撞断了木履齿，但谢安竟毫无所觉，竟硬生生地把喜悦之情压抑下来了。

"喜怒不形于色"，也就是说尽量地把自己的感情压抑下来，而以冷静客观的态度来应付事情，这种性格的人才配做一位领导者。一旦领导者把自己的真情表露出来了，就容易为人所看穿，以至于受到拨弄，而导致做出错误的决策。在官场上，不轻易表露自己的观点、见解和喜怒哀乐，则是"深藏不露"，这是古今中外的领导者用以控制下属的一种重要方法。历来聪明的当权者都喜欢把自己的思想感情隐藏起来，不让别人窥出自己的底细和实力，这样部下就没有钻空子的机会了，就会觉得领导是神秘莫测的，就会对领导产生畏惧感，也容易暴露自己的真实面目。领导如同在暗处，下属如同在明处，控制起来也就容易得多了。

因此，能够做到喜怒不形于色才是领导者重要的手段，当组织内部遭遇困难时，如果领导者露出不安的表情或慌乱的态度，便会影响到全体员工，一旦根基动摇，就会带来崩溃。这种情况下，如果能保持冷静、若无其事的态度，就能使下属的心里平静。

在楚汉相争的历史中，有一次刘邦和项羽在两军阵前对话，刘邦历数项羽的罪过。项羽大怒，命令暗中潜伏的弓弩手几千人一齐向刘邦放箭。一支箭正好射中刘邦的胸口，刘邦伤势沉重，痛得把身体伏了下来。主将受伤，群龙无首。如果楚军乘人心浮动的时候攻击，汉军必然全军溃败。猛然间，刘邦突然镇静起来，他巧施妙计，在马上用手扣住自己的脚，喊道："碰巧被你们射中了，幸好伤在脚趾，没有重伤。"军士听了，顿时稳定下来，最终也没有被楚军攻陷。

其实，喜怒哀乐是人的基本情绪，世界上没有一个人能真正地做到心如止水，没有喜怒哀乐。其实，没有喜怒哀乐的人并不存在，他们只是不把喜怒哀乐表现在脸上罢了。对于每个人来说，要想拥有一片属于自己的天空，能做到这一点是很重要的。所以，要把喜怒哀乐藏在口袋里，不要轻易地拿出来让别人看见。

成大事者大多会喜怒不形于色，处事老练的人也都有察言观色的本事，并且会根据他人表现出来的喜怒哀乐来判断一个人的性格，适当地调整与其相处的方式。

人生的路有许多条，哪条路都连接着成功。即使你不慎拐入岔路，并且已走出很远不能回头，也不必沮丧、不必懊恼，因为人生没有死胡同，再崎岖的路也会峰回路转、别有洞天。人生的每一天都是崭新的，每一天都有美丽的风景。让我们放眼未来，向着成功的方向，坚定地前行！既不要沉湎于过去曾经的辉煌而抱怨今天，也不要因为担心明天的前途而徒增烦恼，赶走了今天的快乐。

不沉湎于过去，不透支明天的烦恼

面对一杯已经打翻的牛奶，你是伤心地哭泣，还是果断将其清扫进垃圾桶，然后再倒一杯？相信大家都会选择后者，但在面临类似的其他问题时，许多人却会作出愚蠢的选择。

有这样一位男士，几年前辞去了老家清闲的公职，来北京追寻他的文学梦，屡屡碰壁之后在一家广告公司做文案。谈起当初的选择，他后悔不迭，觉得当初自己真是鬼迷心窍，扔掉那份清闲又稳定的工作，来北京吃苦。他一边抱怨自己"起得比鸡早，睡得比狗晚，吃得比猪差，干得比驴多，压力无限大，收入无限少"，一边津津乐道以前的工作，"上班喝茶水，下班打麻将，收入虽不多，压力却没有"。

同事听后直截了当地问他："那你现在还能不能回去？如果能回去，你是否愿意回去？"

他说："我走之后，马上有人挤进来占了我的职位，现在回去肯定非常困难。就算我能回去，当年跟我在一起的同事升官的升官、发财的发财，我回去只能受人白眼，我还回去干吗？"

既然这样，就不要老是沉湎于过去，如果觉得当初选择辞去公职是错误的，那么何苦拿过去的错误不断折磨现在的自己。何况，通常情况下一个最初的选择自有其道理，也未必是错误的，因为一个人的未来有多种可能，至少有一半的可能都通向成功。如果你感觉现在不如意，也许说明你努力得不够，需要加倍努力工作才行。

中国人喜欢"未雨绸缪"，讲究"凡事预则立，不预则废"，所以经常忧心忡忡地为明天打算，被想象中的困难和问题挤走了今天的快乐。

有一位女士，因为先生工作调动不得不辞去公职来到北京。来北京后，她在一家小公司打工，每天长吁短叹，发愁自己老了没有退休金怎么办，发愁自己生病怎么办，她的这些忧愁和抱怨让同事和朋友听得厌烦。

后来，随着工作业绩越来越好，她的忧愁和抱怨也越来越少。现在，她已经是一家小公司的老板，虽然公司规模不大，但因为有稳定的客户资源，赢利能力和前景都不错。回首以前，她自嘲地说："我们都觉得杞人忧天很可笑，可没想到我也当了一回'杞人'。"

现实生活中的"杞人"又何止她一个？处在这个多变的年代，人们普遍存在不安全感，远虑近忧一起袭来，整天深陷烦恼不可自拔。愁了工作愁房子，愁了房子愁车子，愁了车子愁孩子，愁了孩子愁养老，反正人生没有一事不发愁。殊不知，你担心的好多烦恼会随着时间的流逝自然化解，何必让不一定会到来的烦恼挤走今天的快乐呢？

美国第七任总统安德鲁·杰克逊的家族有瘫痪性中风的病史。在杰克逊的晚年，他一直担心自己会中风。虽然他的身体很好，但他始终不能摆脱家族病史带来的心理阴影。他经常做一些事情来确认自己并没有中风。有一次，杰克逊和一位年轻的小姐下棋，两人边下棋边兴致勃勃地聊天。突然，杰克逊举着一颗棋子睁大了眼睛，面色苍白、满头是汗地瘫软在了椅子上，棋子也从他的手中滑落。

那位小姐惊慌地叫起来，朋友们慌忙跑过来查看情况，现场一片混乱。

"你到底怎么了？"朋友们焦急万分地问他。

杰克逊表情十分痛苦，喃喃地说："我得了中风，右半侧身体已经瘫痪了。我果然还是不能逃脱这样的命运。"

"你确定吗？"朋友们很惊讶地问。

"刚才我用手在右腿上捏了几把，一点儿感觉都没有。"杰克逊呆呆地说。

"总统先生，如果是这样的话，您可能并没有中风。"那位小姐有点儿难为情地说，"因为您刚才捏的是我的腿。"

我们总习惯殚精竭虑地构思明天，想未雨绸缪，想为明天准备好一切条件，清除一切障碍，却未想过好好地享受今天。时间一天天流逝，一个个明天变成了昨天，可我们的心中仍然只有明天。我们不断预支着明天的烦恼，也就是在不断透支着生命。

不要让明天的乌云遮住了今天的阳光，不要让明天的烦恼困扰今天的自己，让我们好好把握现在，享受现在，成就生命的精彩！

任何东西有好的一面，也有坏的一面，为何不学会克制一下自己，充分发挥其优秀的一面呢？我们一旦少了理智，少了克制，而由着性子胡来，缺乏理性思维，自然无法在为人处事中通达、圆融，也很难在人生中有所建树。

不能克制自己，永远是情绪的奴隶

歌德曾说过，"谁不能克制自己，他就永远是个奴隶"。生活中，善于克制自己，懂得自我控制的人，才能在心灵上成熟，在做事上沉稳，最终走向成功，拥有完美无憾的人生。

曾经有一个商人在招聘伙计的时候，发布了一条这样的广告："本店需要招聘一个自我克制力强的人，没有其他限制，基本工资为每周50美元，且有额外奖励，但必须经过面试合格之后才可以在这里工作。"

这么有诱惑力的条件，自然而然来应聘的人也就多了。可前面几个来应聘都让老板一一拒绝了。老板也非常失望，不禁感慨道："难道就没有一个自我克制力强的人吗？现在的人们怎么都成这样子了啊？哎……"

就在这时，一个长相平平却又有几分成熟的年轻男子前来应聘，老板没有抱多大希望。经过这么多失败的求职者之后，老板依旧采用同样的面试来考验他，并没有要降低要求的意思。

老板对他说："能阅读吗？"

年轻人回答："能，以前还学过朗诵呢。"

老板继续问："那你能读一读这一段吗？"说着便把一张写有文字的纸条递给了这个年轻人。

年轻人看了看，说："可以呀，没问题。"

老板接着问道："你能一直不停地读完吗？"

他不假思索的回答说："可以。"

"好，很好。"老板说，"那你跟我来吧。"

老板将他带进面试工作室，让其坐下来，念刚刚的那段文字。就在他准备念的时候老板命令秘书带进来三只可爱的小狗。小狗好奇，一直在年轻人身边讨好。但他理也不理，貌似它们不存在一样。老板见状，又命令秘书带进来三只更可爱的小狗。可年轻人依然不动声色地读着自己的文字。

当他念完的时候，老板激动地说："你就是我想找的人。在自己工作的时候，对于这么惹人爱的小狗，能坚守自己的本分，这就说明你是一个责任感重，自我克制力强，值得信赖的人。欢迎你加入我们。"

我们都是有血有肉的普通人，面对诱惑力十足的世界，怎么能不动心呢？接下来很多人就会问，"怎样才能做到呢？这诱惑这么多？"首要的一点是，必须具备强大的自我克制力。

在古代，仪狄曾经造酒献给大禹，大禹品尝之后，连连称赞道："好酒好酒啊。"可接着大禹的脸色立马就变了，自言道："后世一定会有因为纵酒而亡国的啊"，于是大禹便疏远了仪狄，从此也不再饮酒了。正如大禹所说，后世的确有许多君主，因为纵情于酒色而无心打理江山，最终成了亡国之君。大禹的"杜酒防微"之举，正是自我克制的绝佳范例。

大千世界，诱惑千万种，什么都想要，只会让自己心累。不要头脑发热，感情用事，做到遇事理智一些，懂得克制自己的欲望，该放下就放下。如此一来，你才能够拥有轻松而快乐的人生。

总之，克制自己，才能驾驭自己，成就自己。放纵自己，就会被激情和欲望的魔力所牵制，不得自由。遇事无法掌控自己的情绪，做不到理性思考，不要说成就事业了，说不好就会走向可悲的境地。对那些缺乏自制力的人来说，尤其需要做好以下几点。

（1）当你在生气或难过的时候，完全可以选择暂时离开，找一个适合自己宣泄情绪的方式，让自己冷静下来。这样你的头脑会比较清醒，到时候再来慢慢去处理自己的情绪，记得要好好去处理而不是逃避。

（2）有时候坏情绪的到来是我们的负面想法所造成的，所以情绪不佳的时候，可以试试看转换一下想法，即所谓的"换位思考"。多做一些正面的思考，这样或许就可以减少自己的负面情绪。

（3）当你与某一个人生气的时候，可以用平静的语气与去当事人好好地谈谈，一定不要说过激的话。跟对方说一说你们之间有什么矛盾或误会，大家把心里的不痛快都放在桌面上，从而更融洽地解决问题，这样对双方都有好处。

人与人的际遇不同，对待事情会有不同的见解。但是在关键时刻，一个人必须懂得维护大局，别由着自己的性子来。能够克制自己的人，才能掌控自己的命运，成为生活的赢家。

随着年纪的增长，我们应该让自己在心智上成熟起来，改变以往做事毛躁、气急败坏的不良习惯。能够克制住内心的情绪、欲望，进而离理性思维权衡利益、平衡关系，自然就成了掌控局面的高手，成为时局与命运的主宰者。

一个人情绪控制的能力，决定了他的心胸大小、做事的气度。处事不急不躁，遇事淡定冷静，这样的人胸有成竹，从而避免了因风吹草动就风声鹤唳。淡定之外，体现的是成大事的格局思维。

人们每天处在繁忙的工作中无法抽身，难免焦躁、烦闷。时间一长，自然在为人处事中无法淡定，甚至任由直性子爆发，招致更大的麻烦。因此，要懂得学会调节自己的心情，面对不开心的事，要善于从中挖掘出快乐。换句话说，很多时候不快乐，并非你面对的事情很糟糕，而是解决问题的方式出了问题。而当你调节好自己的情绪后，便会恍然大悟，原来快乐就在我们身边！

学会调节好心情，不要自寻烦恼

在这个竞争日趋激烈的时代，人们每天处在繁忙的工作中无法抽身，难免焦躁、烦闷。时间一长，自然在为人处事中无法淡定，甚至任由直性子爆发，招致更大的麻烦。因此，懂得学会调节自己的心情，保持积极乐观的生活态度，才容易保持心情的恬淡，也保持一份难得的理性。

有一个人做广告生意，业务开展的很顺利，心情自然愉悦。工作中，他总是对事物保持乐观的看法，所以客户、员工、商业伙伴都非常和他相处。

众所周知，工作上遇到挫折、难题不可避免，甚至会遇到众多棘手的问题。但是，在他看来，这些都不是问题。无论事情多么难办，他都能妥善解决，让各方都满意。有人曾经问："你的心态怎么能这么好？难道不会遇到难缠的客户吗？不会发脾气吗？"

他回答说："每天早上我一醒来就对自己说，你今天有两种选择，一是心情愉快，二是心情不好。我选择心情愉快。"

"每次有坏事发生时，你可以选择成为一个受害者，也可以选择从中学些东西。我选择从中学习。"

"每次有人跑到我面前诉苦或抱怨，我可以选择接受他们的抱怨，也可以选择指出事情的正面。我选择后者。"

由此可见，当一个人去积极主动地面对生活中的各种挫折时，再复杂的关系、再大的困难也就变得易于化解了。

直性子的人，不懂得主动调整心情，去适应外界的变化。他们或大发雷霆，或压抑焦虑，或患得患失，总是受到外界的干扰而心神不宁，这样的人怎么能有所担当呢？

麦当劳公司的创始人雷蒙·克罗克说过："我学会了如何不被难题压垮，我不愿意同时为两件事情操心，也不让某个难题影响到我的睡眠，，不管它多么重要。因为，我很清楚，如果我不这样做，就无法保持敏捷的思维和清醒的头脑来对付第二天早晨的顾客。"

其实，生活中的你我又何尝不是呢？每一天，都可能有不如意的事情发生，如果你不调整好心态，自然容易被它左右。受到不良刺激，心情自然会越来越糟，这时候无论干什么事情都不会顺心如意，由此形成恶性循环。因此，学会调节自己的心情，不仅是获得快乐的需要，也是正确做事的保证。

经验表明，懂得适时调整心情，一个人就能在迂回曲折中顺应外界的新情况，顺利解决眼前的难题。反之，如果报以消极的心态去面对世界，那么他永远无法与周围的人和事融为一体，更无法赢得他人的支持和理解。这样的人是孤单的，自然难以获得满意人生。究其原因，不懂得改变自己去适应外界变化的人，缺乏上进心、能动性，他们面对任何的困难都选择逃避的时候，都直接迎上去消极对待，那么谁愿意和一个懦夫在一起共事、一起走下完人生的道路？

其实，人生有时真的就是一种选择。你选择什么样的心态去面对各种关系，就决定了你在关系中的状态。如果不相信的话，可以观察一下身边的朋友，那些整天抱怨这个，埋怨那个的人们的人际关系肯定一团糟。问题出在哪里呢？一个重要原因是待人处世的心态不好，处理关系的角度不对。

那些对生活充满抱怨的人，或者面对着很大的工作压力，或者家庭生活中有不尽如人意的地方。问题是，他们没有调解好自己的不良情绪，结果让抱怨充斥了内心，并宣泄到身边的人和事上，恶化了人际关系。这种耿直的个性绝对是一个硬伤，阻碍你成长、成熟。

因此，想要拥有好人缘，以及融洽的关系，你就要学会善于调节心情、释放不良情绪，保持积极、乐观的心态。能够妥善应对不良情绪的人，已经学会了掌控心灵，所以他们能在关键时刻沉住气，在淡定中把握未来的方向。

正所谓"性格决定命运"，直性子的人不懂得迂回曲折的策略，所以遇事无法保持内心的恬淡，总是我行我素，或者急脾气，或者耍性子。到头来，他们会因乱了心神而无法自持，也就丧失了了解局势、掌控局面的机会。

事实上，人生充满了变数，生活充满了无常。有本事的人懂得"泰山压顶而面不改色"，总是竭尽全力应对局面，不让他人看到自己的情绪变化，因而能够控制住局面，成为最后的赢家。因此，不受外界干扰，遇事处变不惊，是成大事者的基本功。

人生充满了变数，生活充满了无常，唯有调节自己的心情，才能在适应中应对变化，并展示自己积极、负责、乐观的一面，让周围的人看到希望，并对你信任、支持，最终建立融洽的关系，实现良好的合作。

决定一件事的成败，往往取决于你的反应。直性子的人一般急急躁躁的，做事不会冷静地思考，所以经常做不好事情。而一个成熟的人，他会思考得更多、更全面。所以，我们在对待问题时要"三思而后行"，不骄不躁、沉着冷静，理智地做事，这样才能收到理想的效果。如果急躁不安、草率行事。

深思熟虑后再做出反应

一件事的成败，往往取决于你的反应。在许多特定的情况下，如果你能多加考虑，你会发现解决这个问题还有更好的方法。一个成熟的人，思考得会更多、更全面。所以他们在对待问题时往往是"三思而后行"，理智地做事，因而也就能收到理想的效果。然而，直性子的人一般急急躁躁的，做事不会冷静地思考，那么事情很有可能向相反的方向发展，也就得不到想要的结果了。

一天，莉莉的爸爸发现自己口袋里的一张一百元钱不翼而飞了，找了半天也不见踪影。为此，爸爸甚至和自己的员工大吵了一架，因为他不允许部下手脚不干净。

回到家以后，他却在女儿的衣服口袋里发现了一张一百元钱。于是不容莉莉解释，上去就是两巴掌，并且生气地说："这么小就学偷钱，长大了还得了！还害得我与员工大吵了一架，误会了他们。"

顿时，莉莉原本白白的两个小脸颊红了起来，疼得嚎啕大哭。妈妈听到哭声，就急忙跑来，问莉莉发生什么事情了。莉莉还没来得及说出口，爸爸就生气地从头到尾说出了原委。妈妈赶紧对爸爸说："那一百块钱是你昨天晚上喝醉了以后拿给莉莉的，她不要，你就塞在了她的衣服口袋里。"

这时候，爸爸才意识到自己闯了祸他不好意思地承认了错误。可是，一切都晚了，莉莉的脸肿的像面包一样。到医院检查后，医生宣布了一个坏消息："莉莉的耳膜破裂，一个耳朵全聋，另一个耳朵半聋！孩子是你们亲生的吗？竟然下这么重的手！"

爸爸几乎不敢相信，这么可爱的孩子居然聋了。他为自己粗鲁的"无心之过"懊悔不已，万分自责，没想到自己因为一时冲动竟然把女儿打成"耳聋"了。一失足成千古恨啊！

无辜的莉莉为爸爸冲动的反应付出了代价，而爸爸也为自己过激的反应要承受一辈子的自责和内疚。如果爸爸遇事冷静一下，深思熟虑后再做出反应，那么女儿就不会变成现在的样子，自己也不用一辈子处在自责之中了。

一个人经过深思熟虑做出的反应更能给人成熟稳重的感觉，最重要的是，思考之后的反应更加能让你明白这样做有没有必要，是不是对的，会不会带来什么严重的后果？经过这次事件之后，莉莉的爸爸再也不敢这么鲁莽了，他怕再做出令自己一辈子后悔的事情。

成功的人在做出决定之前，一定会考虑的十分周到，因为他们知道，就算是芝麻点儿的小事也可能会影响整个事情的成败，甚至会毁了自己努力争取到的一切。正因为如此，我们遇事要深思熟虑，拒绝鲁莽行动，从而避免在成功的路上越走越远。

娇娇和禾禾是某所学校绘画班的两名学生。这是一个下着小雨的初冬，当天的课程是学画人脸。美术老师要求特别严格，不管需不需要所有的学习工具，你必须带着，否则就会被"请"到教室外面站着。不凑巧，禾禾竟然忘了带今天最重要的尺子。她向周围的人借了一圈，都得到了同样的回答："我只带了一把，不好意思啊，你再问问别的同学吧。"瞬间，禾禾感觉天塌了一样，"这可怎么办才好？"

就在这时候，娇娇递来一把尺子。然而，她看了一眼就像泄了气的皮球。这叫什么尺子？全部都脏脏的，而且还缺了角。禾禾一下子就把尺子扔在了地上，还没等娇娇反应过来，老师就进来了，说道："没带尺子的出去。"正在禾禾犹豫要不要捡起来那把惨不忍睹的尺子的时候，娇娇伤心地走出去了。禾禾愣住了，"难道这是……"

看着娇娇在门外冻得瑟瑟发抖，而且自己还这样对待她，禾禾懊悔不已。"真不该那样做，我怎么不好好想想呢？我们平时关系那么好，这可怎么办呢？"就在这种纠结与懊悔的情绪中，禾禾熬过了这节课，可不知道该怎么面对娇娇。

无论做什么决定，一定要先学会深思熟虑。每一个人都会遇到各种各样的问题或许一个简单的问题都能够讲出一大堆的道理，可真正要解决这些问题的时候，你还会像以前那样做。所以类似的事情一直在发生，而且明知自身出了问题，却怎么也改正不了。

宋代的苏轼有句名言："而其人亦得深思熟虑，周旋于是，不过十年，将必有卓然可观者。"由此可见，深思熟虑对我们做人做事是多么重要。那么，性格耿直的人遇事急躁怎么办？如何才能做到深思熟虑呢？

（1）多学习，练就一身好气节。多读书，读好书，通过课本里的知识来充实自己，武装自己，让自己变得更理智，把冲动扼杀在摇篮里。

（2）多一些思考的时间，想清楚再做决定。很多时候你需要做的并不是立刻做出选择，你仅仅要做的就是给自己一些思考的时间，把事情想明白。这样会避免不必要的误会，也会避免伤害身边的人。

（3）假想一下后果，如果这样做的话会有什么严重事态。当你要发脾气的时候，想想那些爱你们的人，你这样，他们该多么心疼啊！或许你觉得没什么，可是你考虑过他们的感受吗？所以，无论做什么都应该想一想后果。

事情已经发生了，最重要的是找到解决问题的良策。这时候，最忌讳的是直接迎上去，头脑发热就作出错误的决策。遇事冷静思考，沉着镇定不慌乱，才容易准确把握事情的来龙去脉，妥善处置好局面。

无论多么急不可耐，都要懂得隐忍一时，懂得深思熟虑，才能找到解决问题的良策。切忌直接迎上去，头脑发热就作出错误的决策。遇事沉着的人会给他人留下值得信赖的印象，因而也会拥有好人缘，更容易成功。

社会生活中，为了顺利达成预期目标，你必须照顾到他人的喜怒哀乐，说话办事尽量顺从他人的心意。许多人之所以四处碰壁，是因为他们缺少淡定处事的智慧。他们得理不饶人，置别人的尊严于不顾，或漫天要价，或大打出手，只会把局面搞砸。关键时刻，得理饶人是一种高明的关系处理之道，其核心价值在于"放过别人，成全自己"。而愚蠢的人总是看不透局面，把握不好人心，所以他们一味地往枪口上碰，会引发很多不必要的摩擦，压缩自己的生存空间，甚至引祸上身。

任何时候都别往枪口上撞

社会生活中，人与人之间的往来包含着大学问。为了顺利达成预期目标，你必须照顾到他人的喜怒哀乐，说话办事尽量顺从他人的心意。而当你遇事不顺时，难免会情绪低落，容易与人发生摩擦。这时候，尤其需要控制好自己的情绪，看清楚他人的需求，决不能任由自己的性子生搬硬套。

人是高级动物，得省时度事，不能成为情绪的奴隶。"得饶人处且饶人"，对自己和别人都没坏处。家庭的和谐需要家庭成员间的互相理解，而不是非要追究谁对谁错。世界之大，每两个人相遇都是上天的恩赐，成为了朋友就该少一些不必要的摩擦，多一些珍惜。同在一个单位里做事的人，抬头不见低头见，无论是下属还是上司，跟谁闹僵了都会给自己的生活带来诸多不便。所以，表面上是跟别人闹了矛盾，实质上是在跟自己过不去。因为不得当的行为举止，在公共场合跟人大闹一场，只会两败俱伤，显得没风度，很失态。

经验表明，得理让人往往会有化解矛盾、息事宁人的作用，展现的是个人的道德素养。退一步海阔天空，人世繁杂，人与人之间多一些理解和宽容，生活中就会多一道阳光，少一些乌烟瘴气。而愚蠢的人总是看不透局面，把握不好人心，所以他们一味地往枪口上碰，会引发很多不必要的摩擦，压缩自己的生存空间，甚至引祸上身。

三国时期，曹操派人建了座花园，工匠们夜以继日地干，没多久就完工了。曹操很激动，完工当天亲自动身去察看、验收。他转完一圈了，工匠们正等候评价。然而，曹操什么都没说，只在门上写了个"活"字，便匆匆离开了。工匠们瞬间就蒙了，左思右想都没能猜出其中的意思，只得去请教杨修。

杨修沉思了片刻后，捋了捋胡子，很自信的说，门上写个"活"字，"门"加"活"就成"阔"了，这很明显是嫌门太宽太大了。于是，工匠们即刻改造了花园的门。这事果然合了曹操的意，此后他一直视杨修为宝，很多拿不定主意的事都会与之商讨。

后来，曹操带领兵马和刘备在汉中交战，一时间陷入了进退维谷的境地。这一天晚上，曹操正在用餐，此时夏侯进来请示夜间的军号。面对此时的战局，这位最高统帅确实很矛盾。听到夏侯说要请示军号，曹操盯着手中的鸡汤，随口说了句"鸡肋"，就没再给更多的指示。战况如此紧急，眼看天又将黑，又没摸清上面的意思，这让夏侯十分着急，只能去请教杨修。

思索一番，杨修很快给出了答案。他说："鸡肋者，食之无肉，弃之有味。现在我们进不能胜，退又怕遭人耻笑，所以不如早点收兵，魏王是想班师回朝啊。"听到这里，夏侯对杨修再一次佩服得五体投地。既然杨修都这么说了，夏侯自然是顺着做事，于是下达撤军的命令。曹操看到这一情行就急了，仔细打听后，才知是杨修的主意。异常愤怒的情况下，他毅然决定将杨修斩首。

从周围的人一有难题便不约而同的前来请教，到一再地破解了难到无数人的难题，杨修本人的聪明才智是无可厚非的。每个领导者都希望身边有这么一个智慧的人，为自己出谋划策，排忧解难。但是，领导者选择左膀右臂，终究是为了帮助自己赢得战事，夺得天下。当杨修猜出门上的"活"字是嫌门太大时，关系到的只是一个花园，一个生活中的小乐趣，展现的是自己的聪明才智。然而，面对事关国家生死存亡的局面，再自以为是就是越界越级，点到的就是死穴。撞了枪口，杨修的结局就不难理解了。

在我们身边，许多人都有"杨修"的影子。他们或许能力出众，或者才智超群，但是这份自信让他们迷失了方向，恣意妄为，最后分不清场合撞到了枪口上，引来不必要的灾祸。与其说他们恃才傲物，不如说是骨子里沉不住气，缺少回旋机变的本能。因此，他们在职场上不经意间冲撞了上司，在情场上背离了人心，最终没有好下场。

其实，做任何事情，一定要看清时局，把握好对方的心意。明知形势不对，想好的话不便说，如果还由着性子鲁莽行事，而不懂得从长计议，那么到头来必然把关系搞砸，吃亏的是自己。

从另一个角度来看，凡事都应顺势而为，而不是逆流而上。这是大自然的一般规律，也是生活的智慧。无论遇到什么情况，不往枪口上撞都是应该秉承的一个基本原则。看云识天气，察言观色，道理都是相通的，体现的是顺流直下、势如破竹的智慧。

总之，人生的智慧在于进退得当，非要硬着头皮撞墙、撞石头，就会撞伤自己。在许多关键时刻，撞到了枪口上则会被打入底谷，甚至丢了身家性命。

那么，怎样避免去碰到枪口，避免惹祸上身呢？

第一，理性冷静看待事情，不能因为一时的冲动而生出事端。无论面对谁，能彼此友好相对都是最好的选择，这样就会"大事化小，小事化了"。

第二，"忍"一字值千金，很多时候忍让不是软弱，而是宽容、大度。"一个巴掌拍不响"，你忍了，很多的纠纷也就散了，很多悲剧也就被扼杀在了摇篮里。

第三，遇事认清大局，不可鲁莽行动。在重要的事情上，我们得弄清事态，不能轻举妄动，逆流而上的悲苦能避之则避之。

第四，从心理层面上，我们要弄清关键人物的关系判断，摸索清楚别人对你的心理期望，做自己的分内之事便可。

往枪口上撞，本质上是没弄清事情的根本，也就在无意间逆势而行了。逆着趋势去做，或事倍功半，费尽周折却捞不到成果，或是失去更多，令人悔恨不已。

在我们的人生中，无论处于多么糟糕的境地，急躁、担忧和埋怨都只是浪费时间。稳住自己，去找更多的出路才是最好的选择。"天将降大任于是人也，必先苦其心志，劳其筋骨，饿其体肤，空乏其身，行拂乱其所为，所以动心忍性，曾益其所不能"。只有经历过风雨的人生，才是真正有意义、有价值的人生。只有不断地战胜困难，走出愁云密布的阴天，才能感觉到晴天里阳光的温暖与美好。

沉住气，人生没有翻不过去的火焰山

"人生没有过不去的坎，只有过不去的人"。积极乐观的面对生活，不被眼前的困难所打败，晴天就会到来。

沉不住气，着急就会对一切失去信心，紧随而来的就只有更加糟糕的境遇。沉住气，一切都会过去，沉住气，才能在关键时刻洞察全局，捕捉到逃脱的机会。沉住气，才能成就非凡人生。

听朋友说起过一个发生在写字楼电梯里的故事。有一个人加班到了半夜两点，拖着疲惫的身体走进电梯，结果随后就停电了。电梯停止了运行，挂在空中，里面的人根本出不来。漆黑狭小的空间里，只有他一个人，一想着深夜里又没人来营救，他的恐惧和担忧是异常强烈的。一个小时之后，恢复了通电，电梯安全运行到了底楼。但是，安保人员打开电梯门后发现里面的人已经停止了呼吸。

经医学鉴定，电梯里的空气是足够他呼吸的，他的死因并非空气不足，而是被那一时的惊吓和绝望夺走了生命。事实上，很多困难只能一个人独自面对，那个时候能救你的只有自己，一旦放弃可能就意味着结束。无法淡定的人，被突如其来的灾祸直接压垮，所以境遇十分悲惨。

而在2008年的汶川地震中却涌现出很多沉着、冷静的英雄。雷楚年就是其中的一位小英雄。那一年，小雷只有十五岁，但在面对灾难的过程中，却表现地异常冷静、勇敢。

那是5月12日的中午14点28分，小雷刚上完课，正在楼道里休息。突然，他感觉到一阵强烈的幌动。这时，传来了老师的呼喊，"地震了"，"大家快跑"。身为体育健将，小雷立刻跑出了教学楼，成为了首批到达安全地带的人。但是在外面他却看到老师没有下楼，而是冒着危险在救助学生。看到这里，小雷便毫不犹豫地跑回教学楼救人。回到教室时，还有好几个同学蹲在墙角。他立刻引导大家赶紧往外跑，不能再蹲下去，教学楼是座老楼，随时都有可能坍塌。当大家往外跑的时候，有一位女生被吓的走不了路，小雷只好抱着她往外跑。

十五岁的小男生，在那样危险的时刻抱着一个同龄的女孩奔走在楼道里，每一步都很艰难，但他没有丝毫的迟疑。还好，女孩到了中途就能自己走了。女孩清醒后，立刻起身往前跑去。小雷还没缓过神来，一块预制板就从楼顶掉了下来，横在了两个人之间。那位女孩没顾着回头，一股脑往楼下跑，而小雷被困住了。

就在这危急时刻，他没有惊慌，更准确的说是他控制住了自己害怕、紧张等负面情绪，做到冷静地去想逃生的办法。终于，他想起二楼的另一头有棵大树，可以跳到树上，躲过灾难。于是，他又迅速跑回楼层的另一头，爬到栏杆上，又跳到大树上。

几秒钟过后，身后的那座教学楼轰然倒地。无法想象，小雷如果在中途犹豫会发生什么。如果他没果断赶回教室救那几个同学，他们的性命又该如何？但在千钧一发的时刻，他临危不乱，冷静地做出了最好的选择，保住了自己，也救了同学。

无论情况有多紧急，不到最后一刻就不要放弃，途中我们可以冷静的面对，努力了就会有希望。而在关键时刻，能够沉住气去应对，可以救助自己的性命。你随时会遇到各种突如其来的灾祸与挫折，但是沉住气，努力后，你仍然会发现天依旧那么晴朗，命运没有捉弄你。可以说，生活的态度决定着你的未来，遇事冷静理智的人会有更多机会。

很多时候，我们会埋怨自己的条件不够优秀。看看那些因为意外而造成肢体残缺的人，他们能乐观面对生活并造就成功，你就会突然发现，你没有不成功的理由。海伦凯勒很小的时候就因病失明失聪，但并没阻碍她写下无数优美、励志的篇章，成为世界优秀的作家。尼克胡哲天生没有四肢，但他能骑马、打鼓、游泳、踢足球，一切皆有可能是其座右铭。用淡定的心，去面对命运的不公，你就有开创新局面的可能。而任由命运捉弄，自暴自弃的人，无法创造非凡的自我。

但临危不乱的境界，不可一蹴而就，必须通过一些小技巧去慢慢培养。首先，当打击来临时，不能破罐子破摔，径直奔向失败的低谷。能够看到未来胜利的曙光，自然会鼓足勇气，摆脱眼前的困境。其次，换一个思路设计人生。如果你的生活被打乱了，不必垂头丧气，理性地设计一下未来的生活，重新构建全新的自我，你会发现新的人生画卷更美。

沉住气是一种能力，一种修养，一种品德，要把沉住气变成一种习惯，一如既往的坚持。只有沉住气的人，才能看到风雨过后美丽的彩虹，接受生活额外的奖赏。

用心做事，真诚待人：情商高才能立于不败之地

一个快乐，让人分享，就会变成两个快乐。你把快乐分给别人，快乐便增值了。

生活中，当我们满脑子都是"他怎么能这样待我""他们太过分了""他是错的"等诸如此类的想法时，内心的愤怒之火便会熊熊燃烧。但是，大多数时候，我们的这些想法都是一种偏见。而同理心能够帮助我们更加全面地认识事情和他人，进而保持心理平衡，不生气。同理心是幸福生活的智慧。当我们懂得发挥同理心时，愤怒就会化为愉悦，痛苦就会变为幸福。

靠同理心化解怒气，赢得好人缘

所谓同理心就是站在对方的角度看事情、想问题。当我们懂得站在对方的角度去看、去想，就能够体谅对方种种过分的言行、态度，就能够保持理性，保持心平气和，远离愤怒。当我们懂得站在对方的角度去看、去想，他人也会宽容、体谅、认可我们，生活会多些愉悦、少些气闷与懊恼。当我们懂得站在对方的角度去看、去想，我们会与他人相处得更加和谐。没有冲突，自然愤怒不生。

一位平时非常温和且善良的青年带着怒气讲述了这样一件事：

一次，我坐公交车上班，非常拥挤，我的身边站着一个年岁较大的人。过了一站后，我的旁边空出了一个座位，我正想侧过身子让这位老人过来坐下，还没等我反应过来，他却使出与年龄不相符的力气，以惊人的速度推开我，硬挤到座位上去了，还不忘在我的鞋子上留下他"英勇前进"的脚印。然后，他心安理得地坐在座位上，像是打了一场胜仗的将军一样趾高气扬，更不用提有一丝的歉意了。我心里可窝火了，好几天都没转过这个弯来。

其实，这位"蛮不讲理"的老人的行为是可以理解的，青年也是可以不生气的。我们不妨想一下，如果自己是那位老人会怎样想："很多年轻人在车上不太礼貌，而且车上有那么多人，也许他还要坐很长时间的车，身体已经快要支撑不了了，与其等别人给我让座，不如自己行动。"如此，还有什么不能理解的呢？这样，青年的心态就会释然，自然就不会生气了。

同理心让人活得豁达、轻松、愉悦。生活中，拥有同理心是增进相互理解、促进相互接纳的一种有效的方法。有了同理心，我们将不再处处挑剔对方，抱怨、责怪、嘲笑、讥讽会减少，愤怒会减少；取而代之的是赞赏、鼓励、谅解、互相扶持，生活也会更加幸福、快乐。生活中，当你用同理心去和别人交流、看事情、理解他人的时候，就会发现，生活中那些让人生气的事真的很少。

通常，一个具有同理心的人，对周围的一切事物都会产生一种关心和了解的心理趋向，当自己与他人在认识上出现了分歧时，能够真诚地尊重对方，并容忍这种差异；当自己与他人在行为上出现摩擦时，能善意地理解对方，并分担由此而产生的各种后果。因此，这便会使他人感受到有种力量在支撑着他，使他们感觉到无论说什么都会得到宽容和尊重，从而获得愉快的心理体验。

同理心是我们拥有良好的人际关系，获得幸福生活的重要凭借，值得每个人花精力和时间去培养。当然，要做到将心比心、设身处地并不是那么容易，要真的好好地用心去实践才行。这其中特别需要注意的是：同理心的过程是"如果我是他（你）"，把自己当"当事人"，而不单单只是站在对方的角度看事情。

只有在和谐而友好的社会环境中生活，我们才能获得幸福。因此，我们要发挥同理心，不仅站在他人的角度去思考，还要将我心换你心，从而消除父母和孩子之间的代沟、夫妻情侣之间的分歧、上司和下属之间的矛盾。试想，如果能够亲人相亲、朋友相近、爱人相依，彼此间多一些理解，少一些矛盾；多一分温情，少一分愤怒，那将是多么幸福的事啊！

著名国际化妆品公司的创始人玫琳凯讲述了这样一段亲身经历：

有一次，她参加了一堂销售课程，讲师是一位很有名望的销售经理。出于崇拜和敬重，玫琳凯很想和那位经理握握手。于是，她排了一个多小时的队等候。终于，她和那个经理握手了，然而那个经理的目光根本没有看她，而是越过了她的肩膀去探究后面还有多少人。霎时，玫琳凯非常生气，觉得自己受到了莫大的伤害和侮辱。于是，她发誓要成为别人的偶像，不再做排队等着与人握手的人。

后来，玫琳凯成了站在前面讲课的人，也需要和很多人握手，常常觉得这样让自己很疲惫。于是，她不再觉得当初那个销售经理过分了，终于放下了心中的埋怨和愤怒。并且，她无论多疲惫都会面带微笑，直视握手者的眼睛，让对方感受到自己的热情和真诚。她说："每当我疲惫的时候，我都会想起那次我受伤的感觉，这样我就会立刻打起精神来。只要是和我握手的人，我都会把他当做那个时候我最重要的人。"而玫琳凯更是因此而获得了很多人的好感和支持，而这些好感和支持成了她幸福感、成就感的重要来源。

当玫琳凯成了站在前面需要和很多人握手的人后，终于能够体会到那个销售经理的疲累，于是放下了心中的愤怒，原谅了那个经理，这是让人钦佩的。但更值得我们学习的是，她由此找到了正确的处世待人之道。她懂得了与人握手时表现出轻忽的态度是会让人愤怒的，会带给对方伤害的，于是她在与他人握手时，总是给予对方足够的重视。她将"我"心换"你"心，避免了别人产生同自己之前一样的愤怒，赢得了他人的认可与支持，为自己营造了一个和谐的发展环境。

发挥同理心，能够助我们理解他人，化解心中的不忿和怒气。并且，我们如果能更加深入地发挥同理心，在生活中做到"己所不欲，勿施于人"，就能为自己营造一个和谐、友好的发展空间，与幸福联系得更加紧密。

一个具有同理心的人，对周围的一切事物都会产生一种关心和了解的心理趋向，当自己与他人在认识上出现了分歧时，能够真诚地尊重对方，并容忍这种差异；当自己与他人在行为上出现摩擦时，能善意地理解对方，并分担由此而产生的各种后果。

情商的高低从自我情绪的觉察方面就可见一斑。面对相同的外界刺激，情商高的人往往不为情绪左右，不会马上作出回应，而是在理智分析情况后，让自己不失礼数地处理好眼前的问题，所以这类人往往能处变不惊，较为沉着冷静。而直性子的人往往情商比较低，一旦受到刺激，马上失控，甚至暴跳如雷，有时毫无征兆地发作。当一个人内心有不满情绪出现的时候，要及时加以自制，就能将坏情绪扼杀在摇篮里。

察觉情绪信号，将坏情绪扼杀在摇篮里

对自身情绪的认知是情商中的一个基本内容，情商的高低从自我情绪的觉察方面就可见一斑。情商高的人往往不为情绪左右。情商低的人一旦受到刺激，马上失控，甚至暴跳如雷，有时毫无征兆地发作，他们不能提前识别自己的情绪，也无法控制负面情绪，只能任由坏情绪摆布。直性子的人往往情商比较低，比较容易受坏情绪的摆布。

心理学上曾有过一个著名效应被称为"踢猫效应"，说的是关于人的情绪传染问题。当一个人内心有不满情绪出现的时候，如果不加以自制，就很容易把这种情绪带到生活中，"传播"并影响到其他人。继而，一传十，十传百，波及范围越来越广。

其实，在现实生活中，直性子的人常常因为不懂得克制，因而很容易成为坏情绪的传递者。通常身边只要一点小事不满意，就开始抱怨周围的一

切，当把这种怨恨发泄到别人身上后，别人又会发泄给其他人，以至于最后因为愤怒产生的"循环报应"又重新反噬到自己身上。

冬娜今天特别不高兴，因为自己在公司做文件录入的时候，排版错了一小节文字，因此被老板狠狠地批评了一顿，因此，从那时开始，心中就憋着一肚子的怨气。

下班她回到家之后，并没有在厨房见到老公的身影，而且叫婆婆，婆婆也不理睬她。于是她窝着一肚子火，去厨房做饭，就在她忙忙碌碌之间，婆婆突然从外面走了进来。冬娜扯开嗓子就叫道："婆婆，您能不能以后帮着洗一下菜，反正您也是闲着。"谁知婆婆认为，媳妇本来就应该做饭，而觉得是冬娜懒惰，为此和冬娜大吵了一架。

等到冬娜的老公回家后，婆婆正在气头上，劈头盖脸地把儿子给说了一顿，还说儿子瞎了眼找了这么一个媳妇。本来儿子就很累了，结果又转而把怨气出在了冬娜身上，而且因为过于激动，把桌子上刚做好的一锅汤给砸了。而冬娜本来就站在餐桌旁，一下就被从锅里面溅出来滚烫的汤给烫着了。

常有人说："人生不如意事，十有八九。"看来，每个人在生活中都会遇见大大小小不同的坎坷，而且总会有不顺心的事情发生。但是我们由此而产生的坏情绪，却并没有引起足够的重视，很多时候都往往被我们所忽略掉。其实这种不良的情绪污染不仅会严重影响着人们心理健康，而且还可能会引起许多不良的后果。

人往往都是一种很容易接受心理暗示的动物，那不妨通过心理暗示告诉自己，在遇到事情的时候一定要冷静。同时学会用换位思考法，想象这样做而造成的后果会是怎么样，那么也就可以避免很多不愉快的事情发生。

一个快乐，让人分享，就会变成两个快乐。你把快乐分给别人，快乐便增值了。很多时候是你的主观情绪在带动着其他人的情绪波动，为什么不让自己想得更开更广一点呢？那样你的周围不是可以天天都充满快乐吗？

有一位哲人曾经说过："心若改变，你的态度跟着改变；态度改变，你的习惯跟着改变；习惯改变，你的性格跟着改变；性格改变，你的人生跟着改变。"直性子的人，无论你是一名领导，还是一名普通职员，当不良情绪影响到我们的身心健康，扰乱我们的思考，给我们的工作和事业带来不利影响时，切不要把不良的情绪反击回去或发泄给别人。

有不少直性子的人在情绪认知方面属于后知后觉，只有等到负面情绪爆发后，才知道自己处于满腔怒火的状态。要管理好自己的情绪，首先要学会对情绪进行监控，一旦发现自己心跳加速、呼吸急促、脸红、胸闷、胃痛或者其他不适，就要当心自己的情绪问题了。

人生其实就如一片汪洋大海，而我们就像是海上的一只帆，情绪就像是鼓动帆前行的那阵风。只有我们适时调整风的吹向，也就是学会控制自己，才能避免有可能发生的"船毁人亡"，阻止甚至可能由此带来一系列不良因果链的产生。

直性子的人一定要学着克制自己的坏情绪，千万不要让它污染了别人最后又回过来污染了自己。只有警惕"踢猫效应"，对情绪加以自制，才能让别人更加真诚地对待你。

现实生活中，很多年轻人并没有把控制情绪当成一件重要的事，总觉得情绪化是一种"率直"的表现，是一种很单纯的人格。但是一个常常把"率直"摆放在脸上的人，别人很容易就一眼望穿。如果让这种"率直"跟随自己一辈子，不去控制的话，最终只会一败涂地。一个人自己想要做成功什么事情，最好的方法是，先平心静气地把自己的意见表达出来，然后心平气和地听别人说完，只有这样才能赢得别人的尊重，也才能让别人来帮助你。学会控制自己，才能让成功离你越来越近。

用心做事，不要意气用事

几乎每个年轻人，潜意识里面都会希望自己永远率直单纯，做事不必瞻前顾后，不必察言观色，想怎样就怎样！但是，这种幻想只能停留在我们最纯真的小时候。当我们已经成长为一个年轻人时，还可以这样想、这样做吗？很显然，答案是否定的！

大学的时候，王强找到了一家会计所实习。开始的时候，王强干劲还很高，但是，不久，王强就觉得很郁闷，因为关于会计业务，他根本学不到什么，每天的工作总是和其他的人一起到外面去报税。但是老板说，外面报税也没有什么不好，为什么非要把自己局限在公司内部做账呢？

不久，王强就递出了辞呈，老板很惊讶："你再等两天，现在月底比较忙，所以，公司里根本没有人可以指点你。"王强气愤地说："难道你就只想自己的利益吗？我来这半个多月，每天在外面跑，就算大家清闲的时候，你也没有给我机会。"一句话，老板的火也上来了："那好，你走吧！现在算你的工资：你来了25天，双休日不上班，所以，没有工资。"王强很生气："好吧，你算算到底多少？""300。"这样，王强气愤地拿着自己的微薄的工资回家了，其实他每天的饭费和车费都已经远远超过了这个数目。

其实，很多刚毕业的大学生可能都会遇见和王强一样的问题。在一个企业里面，真正需要的是自己主动学习。企业不是教室，老板也不是老师。老板要的是自己的利益，而不是职员的学习机会。职场不同于学校，而你过于"率直"天真的性格，只会惹得周围的同事或者老板觉得你无知。

有时候，"率直"可能是可以决定一个人一生成败的关键因素之一，但是很多年轻人却并非如此去看重它。如果你幼稚的随意发泄你的情绪，只会给人一种不成熟或者还没长大的印象。因为只有小孩子才会说哭就哭，说生气就生气，这在一个小孩子身上或许是天真烂漫，可是如果发生在一个成年人身上，人们就不免会怀疑你的人格发展了。

收敛一下你口中的"不管三七二十一"的随性性格吧，这种天真在你走向社会之后，就不要再显露出来。走进社会就象征你走向了成熟，生活中没有多少"三七二十一"的算术让你胡乱去做决定，否则，你将为此付出沉重的代价。

一个人自己想要做成功什么事情，最好的方法是，先平心静气地把自己的意见表达出来，然后心平气和地听别人说完，只有这样才能赢得别人的尊重，也才能让别人来帮助你。而不能控制自己的情绪，最终只能落个吃亏的下场。

年轻的朋友们，千万不要让"率直"来侵占你们的人生，摆满在你们的脸上。要知道，谁能放心让一个充满"孩子气"的人来完成重要的任务呢？

学会控制自己，才能让成功离你越来越近。

大家也许都知道，三国中的两大名将吕布和张飞，他们虽然骁勇善战，但是脾气却都有点反复无常。特别是张飞，不但性格冲动暴躁，做事还从不计后果。正是由于他们这种做事冲动、意气用事的性格，造成了最后一个兵败定陶，一个被部下暗地杀害。

现实生活中，有很多的年轻人做事都很容易冲动，往往缺乏理智，只凭一时的想法和情绪办事，结果造成难以挽回的局面，后悔也为时已晚。

德国有一句谚语说："耐心是一株很苦的植物，但果实却十分甜美。"这句话对于一些意气用事的年轻人来说尤为合适。年轻人因为不懂得克制自己的情绪，很容易就不分场合地发泄出来，还未耐心地听人解释，就让"情绪"成了自己的主人。

很多年轻人刚刚步入社会，人际关系还没有形成一个圈子。而在没有任何有利的人脉关系下，你一定要懂得收敛自己的性子。涉世之初，我们毕竟不太了解这个社会的惯有模式，如果只是单凭自己敢想敢做，就一味地去闯荡，那你很快就会沦为社会的下一个淘汰者。因为社会不需要"有勇无谋"的人，这样的人只会让事情变得更加糟糕。

做什么事情，一定要有耐心，凡事经过头脑思考后，再去表达出来。因为通常经过"过滤"后表达出来的话语，肯定要比你心直口快出来的要有智慧的多。别再让人把你当成小孩子来看待，一定要形成自己的做人准则，一定要多思多虑，才能再行动。

假如你不懂得管理和控制自己的情绪，任它们不分场合、不分地点、不分对象，肆无忌惮地发作，那么时间久了，你身边的朋友、同事甚至亲人都会对你产生"畏惧"，渐渐疏远你，孤立你。当然他们并不是真的害怕，而是无法忍受你多变的情绪，以及写在脸上的各种心事罢了。

我们在生活中一定要少一些意气，少一些冲动。要学会"三思而后行"，多用脑袋思考，这样，才不会去做"情绪"的奴仆。

人们常说："意气与冲动多是魔鬼，它会冲昏我们的理智，让我们做出错误的判断与决策。"年轻人要明白，凡事一定要懂得三思而后行，这样才能避免因为逞一时之口快而后悔。

老话说：多个朋友多条路，多个冤家多堵墙。每个人进入社会总会遇到各种各样的人。对于这些人，有的人采取的态度是能结识就结识，不能结识也不得罪；而有些人则全凭着自己的性子来，想交就交，想得罪就得罪。对于前一种人，随着他认识的人越来越多，他的人生之路必定会越走越顺畅，因为认识的人大多都成了他的朋友，在他遇到困难时会给他提供帮助；而后者的人生之路则只会越走越窄，因为随着认识的人越来越多，他的敌人也就越来越多，这就意味着在他前进的道路上给他下绊子的人也自然很多。

多个朋友多条路，多个敌人多堵墙

在我们需要帮助的时候，翻开电话簿却发现保持联系的人很少。"从小到大自己认识的人也不算少了，怎么朋友就这几个呢？"你这样反问自己。是啊，很多人都会有你这样的疑惑，认识的人不少，但留在身边的朋友却不多。这么多的人为什么都没有变成朋友呢？这确实是一个值得深思的问题。

要想找到答案我们不妨先做两个选择题：班级上，你的一个同学不小心冒犯了你，你是选择怒目而视和他顶牛呢，还是会带着宽容的微笑说声"没关系"呢？单位中，你和一个同事发生了一点小误会，你是选择和他僵持，甚至在背后搞小动作、说他坏话呢，还是会选择主动上前对误会做出解释呢？

在这两个选择题中，如果你选择的是后者，你身边的人难以成为朋友就是理所应当的事情了。其实在生活中，我们每个人都不可避免会和很多人发生摩擦。摩擦并不重要，在摩擦发生时我们如何做选择才重要。如果是一个成熟的人，在摩擦中他无论有理还是没理都会选择让一步，因为他明白理一旦掰扯起来就难免要得罪人。而无论我们的地位有多高，权势有多大，人都是我们得罪不起的。

美国作家马里奥·普佐的小说《教父》在美国文学史上有很高的声誉，被称为男人的《圣经》。书中的内容虽然多是关于美国黑手党犯罪的，然而书中有很多东西是值得我们好好了解和思考的，尤其是老教父尼克·柯里昂的处世哲学是绝对值得我们学习的。

老教父柯里昂曾说过一句让我印象深刻的话："如果没有必要，那永远也不要得罪任何人，永远也不要把他们逼上绝路，要知道，即便是这个社会最底层的人，只要他敢走极端，是一样可以报复那些身处高位上的人的！"这句话直白地为我们说明了一个道理，那就是一定不要轻易得罪人。要知道，一个处处有朋友的人，无论是做什么，他成功的几率都是要远远高于那些四处树敌的人的。

从学校毕业三年了，周晓璐终于积攒够了工作经验，可以跳槽到自己心仪的公司里面了。昨天接到该公司的面试通知时，周晓璐别提有多兴奋了。因此今天去面试，周晓璐起了个大早。可能是起得太早的缘故，周晓璐有些饿，于是就打算在面试地点附近的一家小吃店吃点早饭。不巧的是这家店的生意实在火暴，门口排着长长的队伍，周晓璐害怕时间会不够，因此一咬牙就跑到了前面插队去了。

要知道，此时正是上班高峰，大家的心情都很焦急，对于周晓璐如此飑目张胆的插队，后面的人都非常气愤。尤其是后面的一位中年女人，她高声责骂周晓璐说："现在的年轻人怎么这么没素质，没看到别人都排了这么长时间的队了，怎么能插队呢？"

周晓璐可不是那种忍气吞声的人，现在听见有人公然这么指责她，当然也就不示弱了。她全然忘了是自己理亏，扯起嗓子对那个女人说道："我这不是赶时间嘛！怎么着，别人都没说什么，一个老女人，怎么那么爱管闲事？"

周晓璐这么一说，那个中年女人的脸上顿时白一阵红一阵的，瞪了她一眼半天不说话。周晓璐一看自己战胜对方，心里别提多高兴了，买完早点还故意瞪了那女人一眼，然后得意地走了。

吃完早点来到公司面试，等她推开面试房间的门傻了，坐在自己面前的面试官不是别人，正是刚才被她抢白的那个中年女人。

一见面试官，周晓璐的心瞬间就凉到底了，她不住地掐自己的大腿，心里想："我怎么就这么倒霉，好不容易等来的机会，面试官居然是她？这下全完了，肯定要栽在这个女人手里了。工作看来是没指望了。早知道会在那里碰上面试官，哪怕饿着肚子也不能去那里把她给得罪了呀。"然而世上没有后悔药，等到经历过之后再来后悔可就一切都晚了。周晓璐虽然尴尬，但也只能硬着头皮接受对方的面试了。

结果自然谁都知道，周晓璐当场就被通知不合格了。当周晓璐离开的时候，面试官把她叫住说："你叫周晓璐是吧！你大概知道我刷掉你的原因吧？说实话，如果没有早上的事儿，我还真说不好会录取你。但我们公司从来不喜欢像你这样不遵守基本公共秩序又没礼貌的人。希望这次的失败能够让你记住一些教训。"

周晓璐的事情也真够巧的了，然而这种巧合在我们的身边每天不都在上演吗？公交车上和一个老阿姨抢座，结果晚上才发现她是自己女朋友的母亲；别人找自己办事，无缘无故给人脸色看，结果人家一个电话打到领导那里，原来他是领导的亲戚。事情确实很巧！然而试想，如果不去轻易得罪别人，把座位让给阿姨，对办事的人态度和蔼一点，那么这巧合所带来的不就是幸运了吗？

所以说不要轻易得罪别人，无论你认不认识对方，因为一旦得罪了他，成为朋友的机会就会被你抹杀，长此以往，你的身边肯定会充满了敌人。当然，这个世界很大，大到在一个地方混不下去可以换个地方重新开始。因此你可能会认为得罪几个人没什么大不了的。但如果改变不了这种看法，那么无论你到什么地方都会轻易得罪别人，而你的世界也肯定会因此变得越来越小。

可能很多人不知道，正式一点的机关或者大型企业，在给某个人升职的时候都会做一项调查，调查是针对此人以前所有的同事的。如果同事们的口碑不错，那么此人的升职就水到渠成了；但如果他的口碑很差，以至于每个同事都说他的坏话，那么他的升职就是不可能的了。一个人要怎样做才会导致自己的口碑那么差呢？很简单，就是经常且随意地去得罪他身边的人。

所以说除了原则性问题，在生活中尽量不要和别人发生冲突，更不要因为一些鸡毛蒜皮的小事就和别人闹得脸红脖子粗，须知你面前的人会成为你的朋友还是敌人，都是由你的态度决定的。你今天让人家一步，明天可能就会得到别人莫大的帮助；而今天你得罪了别人，明天对你落井下石的就可能是他。

对于身边的每一个人，你好好相处，他就会成为你的朋友；而一旦你把他得罪了，他就会变成你的敌人。朋友和敌人只在一念之间，却可能给你的明天带来截然不同的结果。

在生活中，别人愤怒时你与其争论，只会更加激怒对方，让问题越来越严重，这个时候我们需要极大的克制力让自己冷静下来。有很多年轻人，刚刚进入社会而且涉世未深，在处世的时候往往过于冲动。当别人与自己争辩的时候，总是忍不住地反驳，结果弄个两败俱伤的下场。其实，有效避免争论的最好办法，就是让对方赢。因为当在你进行辩论的时候，或许你是对的。但在改变对方的思想上来说，你绝对是毫无建树的。所以，此时就不要与之争论、辩解，要用智慧和理性来面对对方，这样才能加速问题的解决。

当别人与你争辩时，且让他赢

一位哲人曾经说过："用争夺的方法，你永远得不到满足，但用让步的方法，你可能得到比你期望的更多。"聪明人明白，世界上只有一种方法能得到争论的最大利益——那就是避免争论。因为你越是强加辩论或者反对，就越会容易激发别人的逆反心理。或许你有获得胜利的机会，但却再也得不到对方的好感。

"小姐！你过来！你过来！"素雅的餐厅中，一位顾客高声喊着，并且愤怒地指着杯子说，"看看！你们的牛奶是坏的，把我一杯红茶都糟蹋了！"服务员笑道，"真对不起！我立刻给您换一杯。"

新红茶很快就准备好了，碟边跟前放着新鲜的柠檬和牛乳。小姐轻轻放在顾客面前，又温柔地说："我是不是能建议您，如果放柠檬，就不要加牛奶，因为有时候柠檬酸会造成牛奶结块。"顾客的脸，一下子红了，匆匆喝完茶，走了出去。

有人笑问服务小姐："明明是他孤陋寡闻，为什么不和他辩解呢？他那么粗鲁地叫你，你为什么不还以一点颜色？""正因为他粗鲁，所以不用争论；正因为道理一说就明白，所以用不着大声！"服务员说，"理不直的人，常用气壮来压人。理直的人，要用气和来交朋友！"

大家都点头称道，对这餐馆增加了许多好感。他们常看到，那位曾经粗鲁的客人，和颜悦色、轻声细气地与服务员寒暄。

有很多年轻人，刚刚进入社会而且涉世未深，在处世的时候往往过于冲动。当别人与自己争辩的时候，总是忍不住地反驳，结果弄个两败俱伤的下场。其实，有效避免争论的最好办法，就是让对方赢。

释迦牟尼说："恨不止恨，爱能止恨。"当在你进行辩论的时候，或许你是对的。但在改变对方的思想上来说，你绝对是毫无建树的，一如当你自己错了一样。误会永远不能用辩论停止，因此你要勇于接受忍让和宽容的考验。

在生活中，别人愤怒时你与其争论，只会更加激怒对方，让问题越来越严重，这个时候我们需要极大的克制力让自己冷静下来。所以不争论不辩解，用智慧和理性来面对对方，才能加速问题的解决。

卡耐基说过："天下只有一种方法能得到辩论的最大利益，那就是避免辩论。"爱争辩的人们一定要自己衡量一下，你宁愿要一种字面上的、表面上的胜利，还是让对方心服口服？在争辩里，也许你赢得了一场表面的胜利，但却因此丢掉了一个朋友，甚至树立了一个敌人，实在是得不偿失。

很多时候，有些争辩是完全没有必要的，也许你成为最终的胜利者，也许别人不再反驳你，但对方不一定心悦诚服，你的话说不定还伤了两人之间的和气。所以聪明人绝对不会和别人硬碰硬，而是懂得用理智的说服代替争辩。

如果我们面对别人的愤怒，选择冷静，我们就可以避免争论，以免引起严重的后果。忍让和宽容不是懦怯胆小，而是一种风度，是关怀体谅，是建立人与人之间良好关系的法宝。除此之外，我们还可以采用动之以情、晓之以理的方式，使被说服者如坐春风，不断点头说"是"。而不是语气中充满火药味，使人如坐针毡，这样只会引起别人强烈的不满。

　　聪明人从不玩无益的争辩游戏，因为他们懂得，不必要的争论，不仅会使自己失去朋友，而且达不到自己想要的目的。同时，他们还也懂得，争辩不可能消除误会，而只能靠技巧、协调、宽容的眼光去看别人的观点。所以，年轻人要学会像避开毒蛇一样避开争辩。

　　聪明人从不玩无益的争辩游戏，因为他们懂得，不必要的争论，不仅会使自己失去朋友，而且达不到自己想要的目的。同时，他们还也懂得，争辩不可能消除误会，而只能靠技巧、协调、宽容的眼光去看别人的观点。

老话说：和气生财，怨气生灾。做事业从来就不是一个人的事儿，越多的人帮衬，你成功的几率就越大。众人拾柴火焰高嘛！那么怎么让帮你"拾柴"的人越来越多呢？日常生活中就要注意处处与人为善、与人方便。处世一团和气，待人不生怨气，如此你就能够赢得他人的感情；反之处世一身戾气，处处与人过不去，那么在你需要别人"拾柴"的时候，得到的就肯定是别人兜头的一盆凉水。

和气待人，一笑泯恩仇

成家与立业是人生的大事，一个温馨的家庭需要以和为贵，作为人生的另一个重要"版块"——事业，也一样需要和气。想成就一番事业，与人为善的处世态度就是你的根本。

为什么说与人为善是事业的根基呢？这是由于我们这个社会说到底是一个人与人的集合，想要做成一件事没有别人的帮助总是不行的。今天你帮我，明天我帮你，在这样的互惠互利中，人的事业才可能进步。

一个人无论和谁相处，都以善意做"底蕴"，时时刻刻给人带去一团和气，那么他就肯定能够与人相处得如胶似漆。这样的人如果事业上有点什么困难而需要别人帮助的话，前来帮助他的人就肯定会趋之若鹜。

反之，一个人无论到哪儿都带去一身的戾气，那么与人交恶就是肯定的了。这样的人，处于事业的低谷的时候，等待他的肯定不是别人的援手，而是落入井中的石头。在这一点上，三井集团历史上著名的管理者中上川彦次郎为我们提供了一个值得思考的教训。

1891年，中上川彦次郎在政府高官井上馨的帮助下出掌三井集团，他被井上馨赋予了全盘改革三井集团的大权。中上是一位非常有魄力的改革家，他在动真仔细地研究了三井所处的状况的基础上，定下了切实可行的改革方针：裁汰冗员、吸纳新人，改变人浮于事的办公结构；清理不良贷款、推掉官方托管资金；改革公司经营模式，进军工业。

无论从什么角度来说，中上的改革方针都十分完美，然而在真正将方针付诸行动的时候，中上却遇到了想不到的阻力。中上川彦次郎的改革方案中裁汰冗员是第一项也是最重要的一项，然而要知道，日本企业与中国企业一样，企业内的人事错综复杂，员工们盘根错节，各有各的关系网。在这种情况下，中上川彦次郎在劝退一名员工时，往往会出来几名员工为之说情。而对于他人的说情，中上不是晓之以情，而是一概斥责说情者大搞关系网。为此中上几乎得罪了公司内所有的高层。

如果说裁汰冗员、提拔新人还只是得罪公司内部的话，那么追讨欠款则让中上川彦次郎得罪了公司外部的人。当时的日本有政府向企业借贷的习惯，为此很多企业都背上了沉重的借款。而且，对于这些借款是不能轻易追讨的，因为一旦追讨则意味着和政府撕破脸皮。

但是中上川彦次郎却不管这套，他专门成立了"贷款整理股"，以集中力量解决不良贷款问题。毋庸置疑，中上的这一措施自然会遭到反对，公司内部反对最为强硬的就是代理总裁西邑虎四郎。他在高层会议上公开劝告中上不要如此地过激，因为一旦追讨欠款就必然招致政府高官反对，结果是政府抽回官方资金，而三井银行也就会由此垮掉。

然而对于上司的好意劝告，中上却不以为然地当面进行辩驳，直噎得西邑虎四郎无话可说，只好听之任之。由此，中上便开始了追讨欠款的工作。

他命令手下将政府借款的数据登记造册，并按照册子中的数额上门追讨。被人上门追债，这让被追讨的政府高官非常难堪，从此，很多高官都对中上恨之入骨。

事情还没完，欠款追回来了可以继续放贷了吧，然而中上却以信誉不好为由拒绝了很多高官的再次借贷，其中甚至包括首相伊藤博文。这一下中上的麻烦大了，虽然伊藤博文没有说什么，但很多人借着首相对其不满这股风，开始了攻击中上的活动。

1900年4月，早就看中上不满的《二六新报》总裁秋山定辅，发表了一篇名为《三井一门的滥行》的文章。在文章中，秋山定辅攻击三井银行的总裁及部属在京都日以继夜地花天酒地，说他们用的钱是公司的公款。这令三井财团狼狈不堪，中上也因此不得不出面向社会解释。接着《二六新报》又开始报道"三井事降"，指责三井银行采用非正当手段鲸吞了市价一百万日元的房屋与土地。此报道一问世，整个社会都开始了对中上的声讨。

更令中上难受的是，在整个社会的声讨中，原来支持他的恩人井上馨最终也选择了袖手旁观。因为井上馨毕竟是官场中人，不可能为了他得罪同僚而断送了自己的仕途。就这样，失去了支持的中上彻底成了孤家寡人。1900年6月，三井集团召开高层会议，在会上大家一致将矛头对准中上川彦次郎，最终会议决定免去中上川彦次郎对公司的绝对控制权。从此，中上就被排挤出了三井银行的管理层。而仅仅一年之后，心灰意冷的中上就在凄凉中离开了人世。恐怕直到弥留之际，中上也不知道自己错在哪里，为何自己一片公心却四面树敌。

中上川彦次郎错在哪里呢？就错在他那一一身戾气上面。别人不过是为同僚说说情，不同意也就罢了，又何必连同别人一同斥责呢？上司西邑虎四郎也不过是想让他考虑清楚一点，但他却一点面子也不给就把西邑虎四郎直接顶了回去！

像中上这样的人，想要赢得他人的支持，那可简直比登天还难。而一个要做大事的人，如果不能获得他人的支持，那他的事业又怎么可能成功呢？

强调与人为善，不过是要求我们在力所能及的条件下尽量关照他人，而不是袖手旁观或者落井下石。要知道今天我们关照了别人，明天别人就会关照我们。让我们身边所有的人都成为关照我们的朋友，这不正是我们事业的保障吗？

与人为善，只有通过善意的理解和关照才能让我们赢得他人的尊重和喜爱。而一个总是能够被人尊重和喜爱、事事都能得到别人帮助的人，想在事业上取得成功还不是唾手可得吗？

如果你也梦想着干一番大事业，有一天能够出人头地，那么你就必须学会关照别人，在待人的时候多一点理解和善意，能和气待人之时，一定要与人为善。付出一点理解和善意对你来说不算什么，但却能为你以后的事业赢得意想不到的收获。

嘴上要有"把门的"：
不说话憋不死，
说错话酿成祸

说话是要讲究艺术的，

要想说服对方，

除了说话的技巧之外，

还需要讲求智慧。

人们无论身处何位，或者身处何时，都难免会犯错。如果面对知己，自然可以无所顾忌地畅所欲言，因为感情深，彼此也不用说话拐弯抹角。但是面对身边的同事，以及不太熟悉的人，自然不能把话说得太直，使得气氛尴尬，甚至让对方难堪。因此，在给别人指出错误时，一定要保持善意，并注重采取对方认可的方式，说话的时候尤其需要仔细拿捏，从而维护对方的颜面。

指出对方错误，一定要让他有面子

人非圣贤，孰能无过。无论身处何位，或者身处何时，都难免会犯错。如果面对知己，自然可以无所顾忌地畅所欲言，因为感情深，彼此也不用说话拐弯抹角。但是面对身边的同事，以及不太熟悉的人，自然不能把话说得太直，使得气氛尴尬，甚至让对方难堪。

尤其是看到对方犯错的时候，在指正时更要讲究方式方法。中国人有很强的面子文化心理，尤其是在犯错的时候会极力维护自尊心。

中国人特别讲究面子，面子文化在中国人的生活中无处不在，随时都在发挥微妙的作用。因此，指正那些犯错的人，务必要谨小慎微，用对方法做对事。有一个小品《有事您说话》，展示的是一个小人物楞充大个，宁可夹着行李卷一宿一宿熬着给别人排队买火车票，也不肯让人知道自己为此付出了多少辛苦。这位仁兄心甘情愿地打肿脸充胖子，打碎牙往肚子里咽，为的就是那个不值一文的"面子"。

这个小品难免夸张，可是却传递出了深刻的内涵。暂且不说面子值不值钱，首先从中可以看出，即使是小人物也是好面子的，希望别人多顾及自己的颜面。主人公狠下心让自己吃苦受累，就是为了面子，赢得好人缘。那么，如此辛苦地让自己有面子到底值不值钱呢？值钱，确实值钱，这是人际交往之中情感无形的投资，比一般的物质投资还要值钱。从更高的层面说面子是尊严；从小的方面说，面子是人的"脸"。正所谓"打人不打脸，揭人不揭短"，在指出对方错误的过程中怎么能不照顾对方的面子呢？

看到对方犯错，或者做错了事，我们会好心指正、规劝，提供帮助和建议。这些都是必要的，对他人来说也是有益的。关键是，你在表达自己的好意时，一定要采取恰当的沟通方式，说话时考虑到当时的情境、当事人的心境。这样一来，你的批评之辞也可以听起来像是赞美，能体现出你高超的说话艺术。

在现代组织关系中，或者在一个团队里，人与人之间的沟通就显得更重要了。直性子的人在批评他人、指正错误的时候，往往上来就像机关枪一样猛攻，自然让人难以承受，并且不会受到良好的效果，与你的初衷也会背道而驰。因此，不妨采取恰当的方法，采用迂回的战术，巧妙地指出对方的错误，让他感受到你的好意和诚意，从而建立互信关系。

哈恰罗良是苏联著名的作曲家，而罗斯特是与他同时代的著名大提琴家。有一次，罗斯特请哈恰图良演奏自己的一部狂想协奏曲。当罗斯特拿到这部狂想协奏曲的时候，觉得有几处不合自己的感觉，想让哈恰图良修改一下。而罗斯特又深深了解哈恰图良极其自负，根本容不得他人对自己的作品肆意评论。

怎样才能让哈恰图良改动自己的曲子呢？罗斯特苦苦地思考了很久，终于想出了办法。他找到哈恰图良，首先表现出钦佩与敬仰之情，并且说：

"阿拉姆·伊里奇，您完成了一部极为杰出的了不起的作品，一部金碧辉煌的杰作，但有些地方是银色的，还得镀上金。"哈恰良听了罗斯特的恭维后，首先感到非常开心，对那些不满的意见丝毫没放在心上。

随后，罗斯特趁机提出了自己对这幅作品的几点看法，哈恰图良欣然接受，并修改了狂想协奏曲。就这样，罗斯特采取先赞美后批评的策略，顺利让对方接受了自己的意见，实现了预期目标。

在特定的场合，如果你准备提出批评，把话说得太过于直白往往会会造成不好的影响。尽管你自认为透彻合理，并且是出于好意，但是这种不得体的批评并不能得到认可，也无法获得他人积极的回应。问题出在哪里呢？主要就是你在指出对方错误的时候，说好不到位，用错了方法，或者没有注意场合、时间等。而背后的深层问题是，你的做法损害了对方的面子，没有照顾到他人的情绪和感受。

当一个人的尊严受到威胁的时候，他很难与你合作，所以在指出别人错误的时候也要给别人留面子，免得交际上出现隔阂。不管对上，对下，都要指出错误的时候抓住对方心理，让别人有思考以及斟酌的时间。

中国文化面子比天大，面子是代表着自己追求的荣誉。中国文化的一个重要特色就是面子文化。面子比天大，并非夸张的说法。俗话说，人有脸，树有皮。在给对方指出错误的时候，一定要让他有面子，他才会从心理上认同你、感激你，这样他才有可能接受你的批评。批评得使人有面子是管理者应该好好修炼的本领。

对直性子的人来说，要懂得采取迂回的批评方法。聪明的人即使指出他人的错误，也会让对方很高兴地接受。虽然人际关系复杂多变，但是再复杂的事情也会有一些简单的原则可以去遵循，从而受到良好的预期效果。

第一，欲"抑"先"扬"。批评人的时候，首先要肯定对方在其他方面的突出表现，即使表现平平也要提出表扬，因为没有出大错就有嘉奖之处。然后，在整体表扬中间掺杂正确的批评。作为一种批评的策略，这种做法得到许多人的认同，并在批评管理实践中能收到很好的效果。

第二，批评不能采用单纯的情绪发泄，必须其中有建设性的意见。实际上，许多人并不拒绝他人对自己的批评，而是希望通过这种形式使自己得到进步。所以，对他人提出批评时，一定要保持理性态度，无论你多么正确，多么有道理，都要发表建设性的意见，让对方去感受，并进行选择。

俗话说，人有脸，树有皮。在给对方指出错误的时候，一定要让他有面子，他才会从心理上认同你、感激你，这样他才有可能接受你的批评。

说话的艺术是一个人道德修养的主要体现，要想说服对方，使对方按照自己的计划行事，除了说话的技巧之外，还需要讲求智慧。而其中一个最基本的前提是懂得禁忌，避免哪壶不开提哪壶。说话无所顾忌，信口开河，很容易带来不必要的麻烦。这样做，会让你在不知情的情况下触及别人的"禁区"。所以，在说话的时候嘴上一定要有把门的，三思而后行。

宁可犯口误，不可犯口忌

说话是要讲究艺术的，要想说服对方，除了说话的技巧之外，还需要讲求智慧。而其中一个最基本的前提是懂得禁忌，避免哪壶不开提哪壶。

在人性的丛林里，人们总是讨厌那些过分看重自己利益，而不把他人当回事的人。这样的人总是把"我"字挂在嘴边，遇事总是直接想到自己的利益，因此总是容易犯忌讳。

M市区一个合资公司发出招聘信息后，收到了很多求职简历。在经过层层筛选后，终于选定了其中的两人进行最后的角逐。最后一轮面试由总经理亲自主持，面试过程中，两个求职者得到这样的面试题目：

"有一天，你们两个人开车去沙漠探险活动。期间，不幸的事情发生了，车子半路出了毛病。问题是，方圆百里没有人烟，所以你们不能够求援他人。这时候，你们只有四样东西：刀，帐篷，水和绳子。请你们在这四样东西里面选择适合你们的东西。"

第一位面试者马上回答："我选择刀子。"面试官："这时候你认为刀子对你们很重要吗？"

第一位面试者回答："是的，对我很重要。在这荒无人烟的环境里，首先要保护自己的安全。此外，周围人想害我，则可以用刀子进行正当防卫。"

第二位面试者回答："在这种情况下，我们两人都需要绳子，帐篷和水，也许刀子可以排在最后一位。"面试官说："你说说，为什么这样选择呢？"

第二位面试者："绳子和帐篷是我们一起在行走的时候需要的，所以我们……"

其实，在这时候面试者说什么并不需要细究，在面试官看来，这位面试者在说话的时候并没有只是单纯的说"我"，没有犯以自我为中心的话语忌讳。于是，这个人被录用了，因为他比较有团队合作精神。

说话最容易暴露一个人的内心世界。有的人个性耿直，或者大脑少根弦，总是过分看重自己的利益，或者无法照顾到他人的感受，结果口无遮拦，犯了忌讳，惹得对方不高兴。如此一来，怎么能赢得他人认同呢？更有甚者，因此招来不必要的麻烦和灾祸，损失就更大了。

与人打交道的过程中，务必要重视说话的艺术，万万不可犯了口忌，惹得麻烦上身。许多人因为踩到红线而躺着中了枪，说起来冤枉，其实是不懂得说话的艺术。

在与人说话的时候犯了忌讳，很容易使得双方的友谊关系破裂。在我们身边，总有这样一些人，别人不爱听什么偏爱说什么，结果让双方的关系逐渐疏远。

在说话的过程之中，宁愿有时候难免说错话，也不要犯忌讳，主要是言行之上的忌讳。除了在说话的过程之中不能犯忌讳，谈话之中的声调、手势、面部表情等运用的得当，同时能够尽力克服上面提出的几点，便能够取得比较好的说话效果。说话充满了智慧，我们说话的艺术魅力也可以进一步的提高。

个性耿直的人，说话直来直往，往往在无意中踩到他人的痛处，不知不觉间给自己招惹麻烦。因此，为人处世还是要多一些谨慎心，说话的时候懂得研判对方的禁忌是什么。这样一来，才能避免因直性子而信口开河，避免陷入被动局面。

大千世界，人也千差万别，有些人可能不知道忌讳在哪里，那么我们总是要给出一些万能灵丹的，只要记住下面一些原则自然就可以避免80%犯忌讳的可能。

第一，沉默是金，开口是银。在自己无法摸清他人的脾气的时候，尽量不要开口，记住沉默是一种策略，沉默的恰到好处的运用可以使得他人暂时觉得对方比较内敛成熟。即使需要开口说话但是自身无法判断好情况的时候一定尽量不要开口。

第二，放低姿态。不卑不亢的放低姿态，在心理上首先要放低自己姿态，不可有自傲的心，在放低姿态的情况下，自然脱口而出的话就比较有分寸，不会信口开河而说了不该说的话。

第三，培养谈话自信。尽量把自己想象成完美的代言词，这样谈话自信的建立，自然不会乱掉阵脚，阵脚不会乱，冷静的头脑与智慧的话语相配，在说话的时候轻缓而有序，谈话会比较轻松愉悦。

个性耿直的人，说话直来直往，往往在无意中踩到他人的痛处，不知不觉间给自己招惹麻烦。因此，为人处世还是要多一些谨慎心，说话的时候懂得研判对方的禁忌是什么。这样才能避免因直性子而信口开河，避免陷入被动局面。

金无足赤，人无完人。每个人在性格上或者外貌上，都有自己的不足，这不管些不足是显性的，或者是隐性的，正所谓"矮子面前不说短话"。与人在打交道的过程之中，最不可原谅的便是因为口直心快，不顾及对方感受说到别人的痛楚，使得对方的尊严受到打击。此外，如果对方是个爱记仇的主，难免在以后的打交道中下不来台。

当着矮子，不说短话

在《说难》中，韩非子对龙作过如下的描述：龙是虫烊的一种，它的性情非常柔顺，人们可以和它亲近，甚至可以把它作为自己的坐骑。然而，它的喉下有一块长约尺许的逆鳞，如果有人触摸了它，那么它必然会发怒，以致伤人致死。

与人交往，尤其是说话的时候，不可不察言观色、耳听八方，从而把握好与你谈话的对象的尺度。每个人都难免有"逆鳞"——不愿别人触及的隐私、缺憾、伤疤之类的。这些属于对方的私人问题，与旁人无关，自然要在了解他人的基础上给予尊重，万万不可因为直性子而粗心大意，"不小心"碰触他人"逆鳞"。这种不会触及他人痛处的做法，便是"矮子面前不说短话"。

人生本就是潇潇洒洒，我何必小心翼翼地与人相处，如履薄冰。这样的想法太过于自我，难免被社会上的人所排挤。这是因为人与人的相处的基础便是相互尊重，只有相互尊重的关系才能够长久。这世上虽然没有绝对的公平，但是人很奇怪却孜孜不倦的追求着公平，这是因为没有绝对的公平，但是恰恰因为这种相互尊重才会带来平等相处，这种平等感才会让双方相处比较顺畅。

平时与人相处，只要不要触及别人的痛楚，自然能左右逢源，给人留下一个比较平易近人好相处的印象，从而混得一个好人缘。反之，如果无意或者有意触动别人的"逆鳞"，那就要惹麻烦了。比如，在比较胖的女同事面前说减肥的事情，在最近股票被套牢的同事面前谈自己最近哪只股票涨了，在最近才离婚的亲友面前谈及婚后生活的不快……这样不经过大脑而伤害到他人，触及别人的伤疤，轻则使得谈话氛围不好，两人相交难以深入；重则，对方表现出不快，在你背后恐怕使"阴招"，方解被得罪的仇恨。

三国时期的刘备是蜀国的开国皇帝。刘备虽然胸怀大志，但是相貌上有一大弱项——胡子稀少。在古代，男人是很在意胡子的，像关羽因为漂亮的胡子，而被称为美髯公。而刘备胡子稀少，因此在许多人看来缺少男子汉气概。

第一次进西蜀时，刘备因为初来乍到在他人屋檐之下难免不得低头。这时候，他放低姿态，极力想讨好益州州牧刘璋和他手下的官员。在酒席中，刘备态度谦恭、说话低调。结果，刘璋的臣属认为刘备其实也不过如此，飘飘然起来，甚至出言不逊。

这时候，长着一把大胡子的张裕有些嚣张地要与刘备比一比胡子。刘备顿时陷入了尴尬，而张裕不依不饶，并开起玩笑来："长须美髯才够得上男子汉大丈夫，那些嘴上少毛的人，哪有大丈夫的气概啊·哈哈！"刘备明显听出了张裕嘲笑的意味，但是并没有发作，勉强微笑一下，又很快恢复了谦和的姿态。

当时，刘备在刘璋的地盘上，自然懂得忍辱负重。因此，即使有人这样触碰刘备的逆鳞，他也忍了下来。半年之后，刘备领兵攻下益州，成了蜀国之主。此时，他大权在握，自然不会让当时让他下不来台的人有好下场。诚然，刘备后来有失君子风度，但是张裕"当着矮子说短话"着实犯了大忌，才会因口无遮拦招致杀身之祸。

度量人心，是与他人顺利交往的关键。别人不喜欢的东西，就不要迎上去示人。言为心声，如果你在说话中戳到了对方的短处，自然让人横眉冷对。对方看到你的敌意，又怎么会以友好的态度面对你呢？

总之，人与人之间的关系都是相互的，将心比心是相处的良策。明知对方忌讳某些东西，在某些方面存在着不足，就不要指出来，更不能去触碰。如果你能时刻维护对方的这份尊严，那么自然能得到他们的认同，会换来积极的回应。

聪明人自不会当着矮子说短话，不去触碰他人的"逆鳞"。在交谈中，不能说他人的短处，并且为了谈话的愉悦，说话的时候要懂得运用技巧去渲染气氛。直性子的人不懂得说话的艺术，所以总是不受欢迎，也无法通过沟通掌控人心、收拾天下。为此，聪明人要懂得把握好如下几点：

（1）当着矮子不说短话，而且更要多谈及其长处，多谈及别人擅长的美容、读书、运动。尽量少说涉及他人短处的字眼，比如对方肤色比较黑，就不要讨论如何美白的话题，这样才能避免成为他人眼中钉。

（2）必须谨慎言行，与他人交谈不要搬弄是非。有些人喜欢把他人的难言之隐当做谈资，从而满足自己"抓住别人小尾巴"的心理。与他人融洽相处，一定要说话谨慎，不能为了逞一时口快而当面谈及对方的私事。朋友相处也要讲求一定距离，别去触碰他们的难言之隐，更不能在公开场合当做大家的"笑料"。

（3）适当的自我嘲讽，调节谈话气氛。当着矮子不能说短话，但是有时候其实可以通过自嘲缓和气氛。把自己的短处拿出来，适当调侃一番，可以让他人会心一笑，提升你的亲和力，拉近彼此的距离。

人与人之间的关系都是相互的，将心比心是相处的良策。明知对方忌讳某些东西，在某些方面存在着不足，就不要指出来，更不能去触碰。如果你能时刻维护对方的这份尊严，那么自然能得到他们的认同，会换来天下归心的一刻。

拒绝不符合我们意愿的事情，而不是一味地迎合他人，才能够以独立的人格屹立于这天地之间。但是，直截了当的拒绝又太过于不近人情，甚至容易冲撞对方，让彼此的关系僵化。因此，在违背自己意愿的基础上学会说"不"，懂得合理拒绝他人，就成为一门学问。

掌握说"不"的学问

拒绝他人，本来就是令双方陷入比较难堪境地的一件事。说"不"，是人际交往之中的槛，然而有时候也是一种有效的自卫方式。

说"不"是一件很难处理的事情，如果不能处理妥当，轻则让关系紧张，重则影响到人际关系的长久发展。那么，应该如何应对这种微妙的时刻呢？巧妙的拒绝，温和地拒绝，从而令自己说出"不"也一样令人舒心，有哪些门道呢？虽然拒绝他人是一种逆势的状态，必然会给对反造成心理上的不良影响，但是只要掌握相应的技巧，自然可以把不利的影响控制在一定范围之内。

"不"与"是"，在具体情况之中难以选择，从内心深处来说确实需要很大的勇气来抉择。在实际情况中，他人开口求人帮助情况各异，自己为了不伤情面又不能拒绝，但是自己能力以及时间有限又不能答应，这时候就不能够违背自己的内心，照顾别人的情面而答应。其实，只要耐心并且合理地给予解释，自然容易得到对方的谅解。

尽管说"不"者各式各样，原由也千差万别，但是如果确实不能给予支持，那么就要温和而坚定地说"不"，而不要含糊其辞，更不能因为碍于面子而违心地先答应对方。

原美国总统富兰克林·罗斯福就善于说"不"，从而巧妙地拒绝别人，不破坏既定的关系。在就任美国总统之前，富兰克林·罗斯福曾在海军部担任要职。有一次，一位好友出于好奇向他打听海军建潜艇基地的计划。

听到这里，罗斯福难免有点尴尬，于是寻思如何才能说"不"。随后，他神秘地向四周看了看，压低声音问朋友："你能保密吗？"朋友说："当然能"。"那么"，罗斯福微笑地看着他说，"我也能"。就这样，罗斯福以自己的幽默，立场坚定而又温和地说出了"不"。

罗斯福的语言轻松幽默，在朋友面前既没有泄密，又没有使朋友陷入难堪，取得了极好的交际效果。这种幽默带为罗斯福也带了很多好处，使他为人受到欢迎，并且赢得了忠诚可靠的名声。以至于在罗斯福去世后多年，这位朋友还能愉快地谈及这段轶事。

生活中，罗斯福的做法对我们能够有所借鉴呢？答案是肯定的。比如，如果有女性问你："我漂亮吗？"即使她长得不漂亮，也不能老实地回答。为了避免刺伤她的自尊心，此时不妨拐个弯："不，漂亮只是俗人对外貌的评价，依我个人的目光，你的美是内外的结合，更让人无法拒绝。"这个"不"字的使用，不是更好吗？

拒绝他人的时候，尽量要站在对方立场设想，避免直接说"不"而遭人误解、被人怨恨。同样的一张嘴，同样的一个"不"字，有人能利用它来拯救一国之难，也有人因它而招来杀身之祸，一切都由各人掌握。但若因无意的一句话而导致悲剧的产生，可就太不划算了！在公开场合，一定要注意言辞，注意适当的拒绝，在路窄处一定要留人一步，为人处世不能太过于"绝"。

因为不会说"不",可能给自己带来不必要的麻烦;可是不适当地说"不",使得自身陷入困境,这样会使得人际关系相当难处,那么如何说"不"呢?如何恰当而且又不让对方失去颜面的说不呢?对性格耿直的人来说,最重要的是,学会温柔地说"不"。

第一,先用心倾听,耐心解释,再迟缓的拒绝。生活中,有些人提出要求,其实在心里也有事先想会不会被拒绝,甚至想好拒绝后的说辞。但即使对方已经做好了心理准备,这并代表你可以不假思索地拒绝,否则你的强硬态度会让对方尴尬万分。所以,在拒绝的之前要用心倾听,倾听出提要求人的本意,然后再耐心解释一下自己的难处。

第二,千万别犹疑不决,要坚定温和地说"不"。明白了朋友的来意,也耐心地解释了,就可以温和而坚定地说"不"。此时,千万不能犹疑不决。"温和",是让对方感到被尊重;"坚定",是要对方尊重你的意愿,最终的效果是不伤和气,完美解决问题。

第三,做好善后工作,多关怀,让他人知道你不是冷酷无情,只会说"不"。拒绝的最终是否会在对方心上留下物理性伤害,那就要看你是否在拒绝后,过一段日子,主动关心一下对方当初请求你办的事情,这样发自内心的关怀,更让人觉得你确实是心有余而力不足,并不是单纯地拒绝。

人际交往中,"说者无心,听者有意",因此你说任何一句话都要仔细思量。有时候,无心的一句话在别人那里,就可能引起轩然大波,引起莫名的误会,同时还可能招惹是非,使自己成为受害者。

一人之辩，重于九鼎之宝；三寸之舌，强于百万之师。对领导者来说，口才的重要性怎么强调都不过分。领导者身居要职，在什么时候该说什么，在什么时候绝不能说什么，都是大有学问的，而其中一个关键原则是"不能有话直说"，因为一旦话一出口，就没有了回旋的余地了。

高阶层的人不可有话直说

想说什么就说什么，一吐为快之后虽然发泄了情绪，但是后果往往难以收拾。想到什么就随口说出来，不懂得深思熟虑，也不会采用策略性说话方式，这是普通人的沟通之道。

对高阶层的人来说，说话直来直往就不可取了。对领导者来说，说得太直白，言辞之间完全没有弹性，最后后逼死自己。尤其在某些关键时刻、关键事情上，领导人有话直说，往往后果不堪设想。

事实上，有地位、身居要职的人会牵扯太多的利益方，处在复杂的关系中，因此不能由着性子直来直往，更不能在说话时轻易开口。此外，说话时还要避免说得太过于绝对，要给自己留有余地，保持弹性。每句话都经得起推敲，能够接受时间的检验，这才是高阶层领导者口才水平高的表现。

久居上位者无论说什么话，都会有下面的人来猜度心思，所以领导说话急需谨慎不能够在面对众人的时候无所顾忌的说话，轻则使得下属对领导产生抱怨；重则便会失去领导的威信。

王军带着一批兄弟创办了一家公司经过几年发展，业绩突飞猛进。生意做大了，利益关系也复杂了，这时候每个人都有自己的想法，在许多关键问题上逐渐不那么合拍了。对此，王军一直很焦虑。

一方面，他担忧大家同床异梦，会将来之不易的事业搞垮；另一方面，他想过分家，各自独立经营，但是又担心引起激烈的财产分割冲突。无奈之下，他决定把大家召集到一起，像最初创业时走到一起的样子，开诚布公地认真交流一下。大家把各自的真实想法说出来，自然容易消除误解，找到最佳的行动方案。

那是一个秋日的午后，大家围坐在一起，王军首先回顾了大家一起创业的日子，瞬间引起了大家的共鸣。随后，他重点谈论了公司的现状，尤其是几个创始人之间存在的隔阂与沟通问题。开始，没有人轻易发言，后来王军首先说出了自己的真实想法——如果有人愿意单干，可以得到一笔资金；如果大家想继续同舟共济，则要约法三章，建立股份制合作协议。随后，有两个人选择单干，其他的人希望继续把公司做大。由此，王军顺利解决了公司面临的人事纷争。

在上面的故事中，王军一开始没有直接把公司内部的矛盾暴露出来，而是从创业说起，让大家感同身受，心与心的距离一下子就拉近了。接下来，他才真诚地表达出自己的想法，从而在开诚布公的氛围中完成了这次利益再平衡。可以说，王军的领导口才艺术确实高人一筹。

现代社会高度电子化的沟通方式，促使人们讲求高效而快捷。但是老祖宗已经告诉我们"欲速则不达"，所以有一些事如若直奔主题却总是做不成的，这是因为人是注重感觉的动物，所以需要弹性，有话不可直说。

领导角色在整个大局之中占有很重要的地位，中国人说话比较注重弦外之音，意在言外，这是因为中国人比较内敛并且十分懂得语言的妙处而有的习惯。领导便应该学会不要有话直说，弦外之音往往醉翁之意不在酒，充分发挥能动性，灵活应对。

领导说话不能够没有城府，有时候一些领导因着自己身份高贵所以直话直说，认为这样就能够受到欢迎，相处也比较轻松。但是，久居上位不能够有久居上位的官威，无意之中伤害了他人甚至因为有话直说而透露了商业秘密。为人过于直率，说话过于直白难免被人认为这人比较粗俗野蛮。只有满腔诚意以及比较适当的拐弯说话，才能显得文质彬彬。

领导说话讳莫如深，这不是说是"装"，而是身居要位不能随便开口说话，说话反映了领导的综合素质，领导，众之首也；话，心之声也。由此作为领导必须锤炼自己说话的技巧，让自己成为言必行，行必果的领导。

领导说话如何才能够符合自己的身份，又能够达到自己的预期目标，确实考验着人的智慧。首要的一点是，领导人不能有话直说，而应把握好对象、场合，采用恰当的策略。说话的时候懂得含蓄、隐忍，才能有效掌控人心，带出优秀团队。

第一，说话含蓄婉转。培根曾说，谈话应该像在田野走动一样，可以任意方向，但是不能够直来直去。所以，领导谈话一定要用到修辞，避免过于直接而让下属难堪，甚至造成气氛尴尬。

第二，隐忍为上。领导承担着重大的责任，所以压力很大。但是，领导必须学会隐忍的功夫，从而在紧要关头把握大局，不在冲动中坏了大事。

第三，装傻充愣，顾左右而言他。这是领导应该学会的糊涂学问，真正的聪明者往往能够糊涂，看似"笨"却扮猪吃老虎。因此，要善于根据不同的情况进行应变，不拘泥于现有情况，从而灵活掌控全局。

领导说话需要弹性，不可有话直说。作为一个领导，每天面对着很多事情需要处理，如若一开始便把话说死，没有进退的余地便是陷入了僵局，领导的角色也是难以扮演好的。

谈话中留有余地，不仅会给别人提供喘息的空间，也为自己保留了从容转身的机会，让别人下不了台，逼迫别人改旗易帜双手赞成自己，实在是一种霸道而又不明智的行为。对待别人应该保持一种谦虚谨慎的态度，话不可以说的太慢太绝对，也不可说得太直白太伤人，凡事留三分人情，对别人友善一些，双方才能和平共融。

说话留余地，日后好见面

物极必反是一种自然规律，所以凡事都要留有余地。行不可极处，言不可称绝对。再智慧的人也不可能完全正确，再伟大的人也不可能获得全世界的认同，给别人留一点质疑空间，方能体现自己的雅量。

世间万物本是复杂多变的，世上根本不存在什么放之四海而皆准的真理，由于历史文化、人文环境、风土人情等种种的不同，在不同的地域或不同的时空上，人的观念呈现出巨大的差异性。例如热情奔放的民族认为给客人一个大大的拥抱是友好的表达方式，而理性拘谨的民族偏好私人空间，却觉得亲密的身体接触是对自己的一种冒犯。我们的观念与古人截然不同，古时的很多权威理论现在都已经被推翻，站在进步文明的阶梯上，我们可以标榜自己的价值观，可是千年以后，我们的观念同样会被视为落伍的陈词滥调，成为不堪一击的笑谈。

既然世上没有绝对正确的观点，我们又何苦在谈话中把别人逼向死角，不给对方留有一点回旋的余地，非要迫使对方承认我们观点的正确性呢？不给别人留余地，是一种自以为是的表现，这种冷酷决绝的谈话风格会给人带来强烈的压迫感，只会引起更多的争论和敌意。

当你百分百地断定别人一定是愚蠢时，恰恰暴露了自身的狂妄自大和愚蠢，每个人在认知上都有一定的局限性，就算站在科学前沿的领军人物也不例外，凡事皆有例外，总有些情况是超乎常规之上的，在没有对别人的观点做出深入的解析，又不能找到足够的论据来佐证自己的观点时，你又凭什么来证明自己的绝对正确和别人的绝对错误？

老话说：山不转水转。两座山没有碰到一起的时候，两个人却总有要打交道的时候，因此无论对何人何事，都要学会给自己留一条后路。你要明白今天别人对你的态度是帮助还是为难，恰恰就在于你昨天是以什么态度对待他的。今天你把别人得罪到底，等人生"转回来"时，你就会发现自己的道路也同样被人堵死了。

不知道读者注没注意到这样一种现象，现在很多有心计的年轻人，在跳槽的时候不会一走了之，只要有可能，他和以前的同事还是会保持频繁的联系，甚至于和原来的老板也绝不轻易割断联系。这又是为什么呢？先来看一个故事。

某甲是某公司的员工。在这个公司里，某甲过得很不开心，因为不但薪水少，老板也苛刻得要命，还要经常来公司"义务"加班。一件工作，要是某甲办成了不会得到任何的奖励，老板口头的赞扬也没有，但如果办砸了，那责骂是肯定少不了的。终于在2011年5月，某甲选择了辞职，跳槽到同行业的另一家公司里面去了。

同事们都认为某甲必定是恨死老板了，因此都等着看他离职时会如何发泄对老板的不满。然而令大家惊讶的是，在告别的时候，某甲非但没有说老板的任何坏话，而且在离开之后还经常回来看看老板和大家，为此很多同事都非常不解。然而2011年年底发生的一件事情，却让大家看到了某甲的聪明所在。

在2011年年底，某甲的新单位因为某项业务上的问题要同其前公司进行交涉。交涉进行得很不顺利，在最关键的时候，某甲主动请缨提出由自己来组织交涉，而最终他也凭借着自己和老板的关系成功地把事情办成了。事情办成之后，某甲自然是得到了嘉奖，没过多久还得到了晋升。

看了某甲的故事，相信读者们应该知道我最开始那个问题的答案了：所谓"人生何处不相逢"，某甲离开了原公司，但却不和原来的老板撕破脸皮，为的就是留一条后路给自己。因为说不定双方以后还有再接触的时候。如果一下子把脸皮撕破的话，那么以后也就再也不好见面了。像某甲这样的人才是真正有远见的人。

山不转水转，两个人在社会上"行走"总难以避免彼此之间发生联系。假如今天你帮我一把，那么明天你需要帮助的时候我就会伸出援手；但如果今天你暗算了我一次，那么明天你落到我手里时我就自然也不会给你"好果子"吃。聪明人应该看清这一点，因此在与人交往的时候不要把事做绝，给自己留一条后路。

在与人交往的时候，有一点我们是一定要牢记的，那就是"十年河东十年河西"，在社会上没有谁能够永远处于强势。谁没有个"走窄"的时候呢？如果你在犯难的时候发现面前的人是你曾经得罪过的，你后悔可就晚了。

如果注意观察，在生活中我们就会看到这样的场面：有些人无论到什么地方都能找到朋友，无论做什么事情都有人帮助；而另一些人则不然，这些人无论到什么地方都能碰到敌人，很多事情本来一帆风顺却因为仇家捣乱而最终功亏一篑。这两者孰优孰劣，读者自然一目了然。究其原因，就是后者不懂为自己留条后路。

那些四处树敌的人，他们之所以有如此的下场一定是因为他们总喜欢把事做绝，把脸皮撕破，以至于让身边"经过"的大多数人成了敌人；而那些从不与人撕破脸皮，与人交往总要留条后路的人，经过他们身边的人自然就都成了他们的"朋友"。

所以我们说，无论与什么样的人交往，我们都要给自己留一条后路。每次控制不住自己的情绪要和对方撕破脸的时候，你都要想到以后如果有求于对方会怎么样。如此的话就不至于让你的行为走入极端，进而做出让彼此以后不好见面的事情来了。

给自己留条后路，不要轻易和别人撕破脸皮，这样才不至于在困难的时候被人落井下石，以至于无路可走。

每个人心里几乎都会有自己的小秘密。但是,如何细心呵护这些属于自己的个人领地,避免他人践踏,却似乎是一件非常难的事情,尤其是有时候还得连着对方的秘密一起守护。守住别人的秘密,或许并非一件易事。当别人对你寄予无限的期待与信任时,也同样附赠了你许多压力。其实,能守住秘密,这既是对他人秘密的尊重,也是个人自尊的一种表现。

守住自己的秘密,更要守住他人的秘密

每个人心里几乎都会有自己的小秘密,不管是情感上的、学习上的,还是人际交往上的,总之涉及领域特别广泛。但是,如何细心呵护这些属于自己的个人领地,避免他人践踏,却似乎是一件非常难的事情,尤其是有时候还得连着对方的秘密一起守护。

其实,能守住秘密,这既是对他人秘密的尊重,也是个人自尊的一种表现。但是我们往往因为某些虚荣心理,而松动自己的牙关,因此让自己与他人都蒙受损失。

以旋在一家设计公司上班,因为是亲戚介绍过去的,所以老板还比较关照,除了支付给她高薪外,公司还专门给她租了一套住房。当然这一切是绝对保密的,因为这是老板特别的照顾。但是老总怕其他同事知道了影响他们的工作情绪,所以再三叮嘱以旋要保守秘密。

工作后的以旋,待遇高且不说,还常与老总一起平起平坐,指点江山。

看着其他同事羡慕的眼光，她心理上有种极其优越的感觉。"如果能让他们知道我的待遇也不错，他们不是会更羡慕我吗？"所以，当她脑子里产生了这种虚荣想法后，便开始控制不住自己。

有一次，同事聚会，她几瓶酒灌了之后，便开始试探性地向关系最要好的同事讲了这些。看着同事那大张成O形的嘴巴，以旋感到了一种极大的满足，结果这种虚荣的心理让她又告诉了很多人。

结果，第二天，老板便开出了辞职信。老板说："你根本就不足以取得我的信任，我上班之前就与你说过了，这是我们两个之间的秘密，结果你还是说了出去，这样我的员工肯定不服，我不得不开除你。"随后便与她说了Bye－bye。

守住别人的秘密，或许并非一件易事。当别人对你寄予无限的期待与信任时，也同样附赠了你许多压力。这种压力是无形的，因为你知道的秘密越多，有话憋着不讲，时间一长只会让自己很苦闷。其实，这个时候就是考验你耐力的时候了。

每个人的心，都会装着一个世界。这个世界有多大、有多广，只有你自己知道。高尚者懂得珍视别人完整的世界，尊重别人秘而不宣的故事；卑劣者做不到这点，他们拮取他人秘密，在他人内心的领地横冲直撞，大加议论，伤了别人，也害了自己。

想当初马克思在巴黎的时候，与诗人海涅之间的友谊，达到了"只要半句就能互相了解"的地步。海涅思想相当进步，写下很多战斗诗篇，夜晚他就到马克思家中朗诵自己的新作。马克思和燕妮就一起与他加工、修改、润色，但马克思从不在别人面前"泄露天机"，直到海涅的诗作在报章上发表为止。海涅称马克思是"最能保密"的朋友，他们的友谊为世人所羡慕，所称颂。

其实，很多时候，我们都因为图一时的口舌之快，而让自己和他人的秘密就这样被暴露了出去。年轻人要明白，有些秘密可能无足轻重。但是，如果这个你认为看似不重要的秘密相对于对方来说事关生命呢？一个自己都不能保守秘密的人，又怎能指望能让别人替你保守秘密呢？

如果你不想失去别人对你的信任，失去你为之珍惜的那份友谊，就好好地管住自己的嘴巴，不光为自己更要为朋友保守秘密。这样，你才能在赢得别人敬重的同时，还能让对方把你当作人生中最可靠的"听筒"。

懂点儿处世智慧：
不懂人情世故
如何玩得转社会

成熟世故的人在说话办事时，
会更全面地考虑到其他人的感受，
而不是为了一己私利或泄一时之气而口无遮拦，
不给别人留一点面子。

在生活中有的人懂得为人处世，并且知道如何学以致用，他们的事业也会顺风顺水，平步青云。或许你觉得他们都太"世故"，自己不屑于与他们为伍，而是坚持自己的敢想敢说。可是在你这样做的同时，你周围有很多人都已经与你拉开了一定的距离。其实，"世故"仅仅是要学会察言观色，知道什么样的话该说，什么样的话最好别说，知道如何做事既不会触碰到自己的底线，又能够让人满意。世故不是奸诈，是一种更加轻松应对周围人际关系的处世之道，是成熟、稳重的表现。

可以不奸诈，但不可不"世故"

生活在这样一个光怪陆离的社会中，每个人都在上演着不同的故事。有的人的生活风生水起，过得红红火火；有的人的生活平平淡淡，但也简单幸福；有的人的生活则穷困潦倒，终日郁郁寡欢……

生活落差极大的人们，有很多是拥有着相同的工作能力，是什么造就了两个人不同的生活，不同的命运？其实，答案是既简单又复杂的为人处世。为人处世是所有人都需要学习的一门功课，有的人学得好，并且在生活中学以致用，那么他们的事业必定顺风顺水，平步青云。或许你觉得这话太过武断，但是你可以看看那些成功人士，他们绝大多数都能很好地处理周围的人际关系，并且其魅力又吸引了更多的人在他的周围聚集。或许你觉得他们都太"世故"，自己不屑于与他们为伍，坚持自己的敢想敢说，全然不顾他人的感受，可是在你这样做的同时，你有没有注意观察过周围，是不是很多人都或多或少地与你拉开了一定的距离？

耿直刚硬其实在很多人看来，这都算得上是一个优点，但是与这样的人接触时，又不得不提高警惕，不知何时耿直的人会在众人面前让自己下不来台。所以，这里的"世故"仅仅是让你学会一点点柔和，不要在无意之中伤害他人。会察言观色的人，知道什么样的话该说，什么样的话最好别说，知道如何做事既不会触碰到自己的底线，又能够让人满意。与这样的人在一起工作，谁又会不轻松一点呢？所以要学会包装自己，把自己坚硬的刺藏起来，以平常心处理周围的人际关系。

让你为人处世"世故"一点，并不是要你去溜须拍马、阿谀奉承，也不是让你去耍一些阴谋诡计，来达到自己的目的，只是让你采取正当的方法，改变那种横冲直撞的说话办事的风格，这只是一种为人处世的人生智慧。这种智慧可以让你在人际交往中游刃有余，在面对困难时沉着应对。一旦你成功做到了这点，你必然会成为人生中的大赢家。

有这样一个小故事，里面有两个人在教堂里做礼拜，其中一个烟瘾犯了，于是就问一旁的传教士："我祈祷的时候，可以抽烟吗？"结果传教士狠狠地批评了他的这种不敬的行为。后来另外一个人的烟瘾也犯了，于是就问传教士："我抽烟的时候，可以祈祷吗？"传教士很满意地点点头。同样的行为，只不过换了一下说法，得到的结果就大不相同。这对那些性情耿直刚正的人来说，是很生动的一课。只要换个为人处世的方式，就可以达到目的，这样既坚持了自己做人的原则，又完成了任务，何乐而不为呢？

为人处世需要的是通达、灵活的处世技巧。小王就是通过熟练地运用这种成熟处世的技巧，为公司谈成了一笔大生意。那是一家著名的电子生产企业，刚刚研制开发出新产品，需要一系列的广告来进行推广。消息一出，许多广告公司蠢蠢欲动，纷纷派去业务员洽谈合作事宜，可是，他们都无功而返。

而小王也作为一家广告公司的代表来到了这家企业。一进这家企业的广告经理的办公室，小王并没有开门见山地大谈合作一事，而是先就其企业的标识进行了一番赞赏。广告经理一听就来了兴致，因为这个标识是他亲手设计的，听到别人对自己作品的赞赏，自然十分高兴。接着广告经理就滔滔不绝地把标识的内涵、设计比例等详细地讲了一遍，可以想得出广告经理的那种自豪感溢于言表。之后，当然谈话很顺利，合作一事也就顺理成章的达成了。

可以说小王的能力与其他广告公司的业务员的能力，都大体相当，只不过小王更懂得如何圆滑的与人沟通，而不是直来直去。这样更容易拉近与对方的距离，从而为合作打下一个良好的基础。

为人"世故圆滑"一点，并不是要你去耍心机，设计害人，只不过是让你学会如何更好地与人沟通交流。这样就会使对方觉得你会办事，一旦遇到合作机会，对方定然会放心地交给你去办。世故不是奸诈，是一种更加轻松应对周围人际关系的处世之道，是成熟、稳重的表现。

成熟世故的人在说话办事时，会更全面地考虑到其他人的感受，而不是为了一己私利或泄一时之气而口无遮拦，不给别人留一点面子。他们往往把人际关系处理得很好，既不会伤害他人，也避免自己被别人伤害利用。要做到"世故"不难，但也不会太简单，只不过都是从身边小事做起，一点点注意，最好还要学会控制住自己的情绪。

首先，作为一个"世故"的人，必须要学着尊重周围的人，即使对方是你的下属，也要尊重他，这样既可以在他人面前展示你的修养，又可以收买人心，毕竟在社会上摸爬滚打的人，都希望得到别人的尊重。

其次，要学会夸奖别人，当然不是要你无原则地溜须拍马，只是让你睁开双眼去发现其他人的闪光点，或许你不经意间的一次夸奖，就会助你形成一段长期的战略伙伴关系，就像上文中的小王，他的成功就起于他对一个标识的夸奖。真诚的夸奖也会让其他人感觉你亲切可近，从而建立一个良好的交际圈。

接着，就是要控制好自己的情绪，不要让坏情绪主导了你的行动，这样显得你很不成熟，而且容易招惹一些不必要的麻烦。

总而言之，成熟世故，不是使用一些阴谋诡计去害人，而是让你更加自如地去处理周围的人际关系，这也是避免自己四处碰壁的一个有效的方法。

成熟世故的人在说话办事时，会更全面地考虑到其他人的感受，而不是为了一己私利或泄一时之气而口无遮拦，不给别人留一点面子。他们往往把人际关系处理得很好，既不会伤害他人，也避免自己被别人伤害利用。

中国人常常把"人活一张脸,树活一层皮"挂在嘴边。"面子"在中国人眼中往往是社会地位、名誉和声望的代表,某人一旦被人折损了面子,那就如在众人面前被人狠狠地打了一个耳光。而且在中国从古至今,上至帝王将相,下至平民百姓,无一不具有这爱面子的情结。伤害别人的面子是为人处世的大忌,面子学问就是要教会你切莫犯人大忌。做事时只有顾全了他人的面子,才会更容易成功。

谙熟中国人的面子学问

生活中,有些人一旦激动起来,便在公共场合下对别人大加指责,不留情面,因此让别人的自尊心受到极大的伤害。其实,在交际中,最大的忌讳便是伤面子,年轻人要明白,伤什么,也别伤别人的面子。

"面子"在中国人眼中往往是社会地位、名誉和声望的代表,某人一旦被人折损了面子,那就如在众人面前被人狠狠地打了一个耳光。而且在中国从古至今,上至帝王将相,下至平民百姓,无一不具有这爱面子的情结。所以,一旦触及到中国人的面子问题,那就一定要慎重,慎重,再慎重。

于公于私,面子问题都时刻存在着。在商业往来中,"面子"往往发挥着举足轻重的作用,这仅次于经济利益在商业谈判中所占的位置。试想如果谈判对方在交易过程中,既达到了预期的商业效益,又获得了被人尊重的感觉,维护了自己的面子,一种实现自身社会地位的满足感必定油然而生,那么对方也必然会期待着下一次的合作。这就给商业中的互利共赢局面奠定了良好的基础。可一旦做出了有损对方颜面的事情,那么对方很可能对这次合作产生极大的抵触心理,这时谈判条件再优惠,也就很难有一次愉快的合作了。

在私人的生活圈中,"面子"也是绕也绕不开的一个问题。在生活中,有很多人好面子,为了让别人高看自己一眼,经常就做出一些超出本人能力范围内的承诺。可一旦承诺,又深知目前自己的处境还是"泥菩萨过江——自身难保",虽然为此努力过,但还是无法兑现承诺,最后既使别人空欢喜一场,又可能因此产生芥蒂。别人可能觉得你为人不信守承诺,说好是事情却做不到,而渐渐疏远你。当然,如果事情真的就给别人办成了,那自然是面子也维护了,同时还展现了自己的能力,可是其中的艰辛也只有自己才能体会吧。

可见,只有在为人处世时,把别人的面子维护好,才会最大限度地减少与他人之间的矛盾,消除不必要的误会。从而建立起良好的人际关系和合作关系。

郭解在处理人情世故中,就很会顾忌到他人的面子。郭解是古代的一个侠客,一次他在洛阳居住停留了几日,偏巧碰上了替人调停的事情。原来,当地两人结怨,其中一人一直努力消除两人之间的怨气,毕竟大家街里街坊的,抬头不见低头见,总是这样僵持着生活也受影响。于是他不断找一些当地有名望的乡绅帮忙调停,可是对方却一直不见半点和解迹象。最后他找到郭解那里,郭解为人好行侠仗义,喜欢帮助别人,一听这事,当然二话不说就应承了下来。

郭解为了消除两人的隔阂,亲自登门拜访,向对方做了大量的说服工作,对方最终被郭解的真诚打动了,于是答应两人和解。此事一般人都会认为圆满的句号就可以画在此处了,可是郭解却偏偏高人一筹。他考虑到此事牵涉人多,毕竟当地很多有名望的人都参与过调停,如果这件事就这样被一个外乡人解决了，会让他们觉得很失面子。于是郭解便向对方建议，为了保住那些有名望的人的面子，不让他们内心产生对自己的不满，在他离开后，让对方假装事情同样没有得到很好的解决。等到第二天，那些有名望的人继续过来调停时，对方再答应下来。这样一来整件事的解决，就像是当地有名望之人的功劳。

从这件事的处理上看，郭解可谓是洞悉了中国人的人情面子，所以他能够从这件事中全身而退，既得到了调停双方的感谢，又保住了当地有名望的人的面子。

对于一个善于同别人交流沟通的人来说，在劝说他人接受自己的观点的同时，即使自己的观点对解决这件事有建设性的帮助，他也会顾全别人的面子，尽量让他人舒服地赞成这一建设性的提议。也许就是这些小细节，就足以影响他人对你这个人的整体评价，就足以帮助你完成这些任务，并且提升你的个人形象。

首先，要在不违背自己原则的基础上，宽容他人的缺点，给人留面子。所有人都爱面子，在一些事情上，你在不违背准则的情况下给了他面子，那么他内心必定是欢喜的。等到有朝一日，你需要他帮助的时候，他肯定也会尽他最大能力给回你面子。这就是中国老百姓的错综复杂的人情帐，一些人的成功就在于他灵活运用了这些人情帐。

其次，不要让面子成为自己的沉重负担。中国有一句俗语就是"死要面子活受罪"，有很多人也是吃了"面子"的苦，所以，要在自己的能力范围内给人面子，给自己挣得面子。但很多时候强求不得，那就要向他人坦然承认自己在这方面能力的欠缺，不然沉重的负担会把一个爱面子的人压垮。

最后，做人要含蓄，不要锋芒毕露。对于初入社会的学生来说，这点更是要注意。有的人初入社会，为了显示自己的能力锋芒毕露，不给他人留一点面子。这样就很容易得罪一些人，这在无形中就给自己的工作铺设了一些障碍。所以要学会容忍，对他人的缺点可以含蓄的指出，没必要严苛的去对待所有人。而且自己本身也肯定有许多不完美的地方，一旦当众被别人揭穿，自己的面子也会挂不住。为了避免与人结怨，最好学会给他人留面子，而且自己无论说话还是办事也都要内敛，不张扬。

"面子"说来也简单，就是要求你对他人的尊重，这种尊重既是他人社会地位、名望的表现，也是自身修养的展示。他人是自己行为的一面镜子，你尊重了他人，给了他人面子，反过来他人也会尊重你。

很多成功的人，都是一个察言观色的高手。他们通过平日里对他人细致入微的观察，知道什么话在对方听来十分刺耳，什么事情又是对方乐于听说的。然后有针对性地与对方进行交谈，可想而知，这样的谈话必定十分融洽，能够很好地缩短双方的距离。做一个察言观色的高手，往往能够让我们探知对方的性格、偏好，这样就为我们很好地与人沟通赢得了一个砝码。

做一个察言观色的高手

通常，一个人的面部表情的细微变化，就能够折射出这个人的内心活动。比如说，当我们听到一个令人振奋的消息时，就会流露出兴奋的神情；同样，当我们听到一件令人惊恐的消息时，内心的恐惧也会浮于脸上。虽然，有的人善于控制自己的情绪，但是刹那的表情还是会把你出卖。如果你精于察言观色，那么就能推知此事的发生，对这个人的影响是好还是坏，从而正确做出反应。

有句俗话说得好，"出门看天色，进门看脸色"。生活在这样一个复杂的社会中，与周围的人的接触是无法避免的。在公司里，要处理好与领导、同事的关系，就要看准他们的"脸色"；在社交圈里，朋友的"脸色"也是要学会细细揣摩；就是在最令人放松的家中，家人的"脸色"也是要顾及到，否则不知道什么时候触及到了别人的尴尬经历，就会在不知不觉中在两人之间多了一道隔阂。所以学会察言观色，是让自己少一些冒失、冲动的做法，多一些冷静、清醒的分析。只有这样才能看清这个社会现实，不会使自己在稀里糊涂中就结下了恶果，而自己却对此一无所知。

做一个察言观色的高手，可以让我们在针对对方做出的不同的反应，来适时调整自己说话的方式或者内容。这样不仅可以避免双方不愉快的交谈的发生，又能进一步加深对对方的了解程度。当然，同其他人接触的时候，很多人也会试图探知你对某件事或者某个人的想法，如果其中涉及到人际交往中的利害冲突，善于察言观色的你，提高了警惕，就能避免卷入一场斗争之中，从而保护了自己。

说到察言观色的高手，那就不得不说清朝的和珅了。和珅一直以一个"大贪官"的形象留在百姓心中。可是，作为一个"少贫无籍"的人来说，他竟然可以在仕途中一路高升，成为军机大臣二十余年，并且深得乾隆皇帝的宠信，这其中除了他自身的才学外，还靠着他那察言观色的能力。

在官场上做事，仅仅有干练的能力是远远不够的，和珅正是依靠他善于察言观色，以及细致入微的揣摩，让他在险恶的官场中左右逢源，官运亨通。乾隆皇帝那么宠信他，也就是因为和珅常常在合适的时机，说出或做出十分符合他心意的事情来。和珅还注意搜集、观察皇帝的生活习惯、脾气、爱好等，乾隆帝的一举一动，在和珅眼中都能够看出其用意，自然，做出来的事情，说出来的话都会很合皇帝要求，而且并不显得那么赤裸裸的奉承。遇到这么对自己口味的人，乾隆不宠信和珅，才会令人感到惊奇。

还有一个特别明显的例子，可以看出和珅都快进化成乾隆帝肚子里的蛔虫了。乾隆喜爱出游，就在一次出游途中，车内的乾隆帝突然命令停车。所有人都因为这次突然的停车而摸不着头脑的时候，和珅这时就找了一个瓦盆放进了马车之中。原来是皇帝内急，才命令车子停住，熟悉乾隆生活习惯的和珅，不等皇帝说明就了解了情况，并且顺利的解决了。这样子的和珅又怎么不令人佩服呢？

虽说和珅是个贪官，但事业做得像他这么成功的又能有几个呢？他的贪欲虽不可取，但是他那一套察言观色的本领，却是值得我们学习的。

当然，学会察言观色，并不是要你想尽方法去阿谀奉承、溜须拍马，而是让你在职场中、在生活中尽量做到知己知彼。只有这样我们才能在结交朋友的同时，更加深入地了解这个人，从而发展更进一步的关系。

要想做一个察言观色的高手，就要细致的观察周围的人和事，要对其他人的兴趣爱好有所注意。

首先，要做到的就是换位思考。换位思考就要求我们想对方之所想，急对方之所急。我们要善于观察生活，并且细细揣摩。对他人出现的这些状况还要表现出理解，甚至对他还没想到的方面也替他想好。如此善解人意的人，很容易赢得他人的信任，成为对方的"知己"。

其次，就要求我们也要适时地与对方进行良性互动。在双方的交流接触中，只有营造一种舒适的氛围，一个人才有可能吐露更多的话。在一段良性互动中，一般人都会卸下防备，在不经意间表现出更多的习惯、爱好或者对某件事的意见。经过一段时间的观察，你才会特别全面地认识、了解一个人。

最后，就是在你做到察言观色之后，还要采取一些适当的行动，来表现自己，但千万别做过了，否则让人感觉你居心不良。当你通过观察，了解到别人的一些不是十分明显的偏好后，你可以不动声色地做出一些事来，迎合他的偏好。这样在无形中就拉近了彼此的距离，但是要尽量真诚自然，如果显得太过刻意，结果就会适得其反，可能还会给人留下阿谀奉承的印象。

察言观色绝对是扩展人脉的一把利器。做一个察言观色的高手，就是要让自己在复杂的人际圈中，显得更加从容。在遇到一些事情也可以针对个人，给出适当的解决方法，这对提升自己在圈中的人气有很大的帮助。

要想与别人建立一种互相信任的关系，懂得一点应酬的技巧，有助于我们更快达到目的。学会交际应酬，并不是让你一直带着伪善的面具做人，而是让你试着去应对各种各样的人。我们生活的这个世界本身就是错综复杂的。有的人在社交场上从来都是十分从容，这是因为他们把握住了不同人的不同性情，他们在应酬中就能够做到"看人下菜"，因人而异地处理问题。只有懂得应酬之道，才能够在与人沟通时，拿捏好火候，掌握好分寸，待人既不显得过于热情，又不会冷落他人。

懂点儿应酬好办事

人生在世少不了应酬，应酬说得再浅显一些就是交际往来。要想与别人建立一种互相信任的关系，懂得一点应酬的技巧，的确有助于我们更快达到目的。

人们交际应酬的目的多种多样，有的人是为了工作，有的人则是为了人情，有的人则是为了应酬而应酬。总之，身在这个世俗社会，无法摆脱所有的人情面子，况且还有一些工作或事情上的需要，应酬就成为了我们迎来送往生活中不得不做的一件事了。懂点应酬的学问和门道，就显得十分必要了。

对处理与自己关系不好的人的事情时，应酬在这里尤其显得必要。或许是由于双方利益之间的纠葛，或许是某些说话办事的方式不同，或者第一印象就不好，使得我们身边总会有一些我们看不惯或不喜欢的人。可是在这个社会中，如果任由自己幼稚地做出排斥他人的事情，对方就很有可能做出同样的回应，这种互相对立的局面就这样形成了。这当然是一种十分不理智的行为，此时的我们就要尝试着与不喜欢的人处理好关系，虽然做不成亲密好友，但至少不要让他成为你的敌人。

你可能注意到有的人在社交场上，从来都是十分从容，应对人际关系方面的问题也都游刃有余，这是因为他们把握住了不同人的不同性情，他们在应酬中就能够做到"看人下菜"，因人而异的处理问题。只有懂得应酬之道，才能够在与人沟通时，拿捏好火候，掌握好分寸，待人既不显得过于热情，又不会冷落他人。

应酬之道在有些特殊的行业尤其显得重要，比如医生这个救死扶伤的职业。记得看到过这样一个故事，是讲两个医生的事，暂且叫他们为张医生和李医生吧。张医生的医术很高，而且为人耿直，不善于安慰别人。记得一次，医院里紧急送来了一名伤者，一问之下是出车祸造成的，周围还有一群十分悲痛的家属。正好是张医生值班，所以救人的任务自然落到了他的肩头。

但是，刚把伤者推进去不久，张医生就一脸责备的样子出来了，他十分直接地对家属说："由于你们没有对家属的伤口进行适当的处理，使他失血过多，已经抢救不过来了。"家属本来心情就很低落，但一听他这么直白的责备，再加上亲人无法苏醒的事实，一下子就情绪激动起来，有的人在一旁嚎啕大哭，有的人则是直接把悲痛化为对医生的怒火，直接对张医生吼了起来。他们认为这绝对是张医生的医术不佳，导致了伤者的离世。一时之间，手术室门外充斥着一片争吵声、怒吼声与痛哭声。张医生没有考虑到伤者家属的感受，他的直言不讳导致了他们的情绪失控，在医院中造成了十分恶劣的影响。虽然院方知道张医生的话没有错，但是还是选择了给他适当的处分。

与张医生落魄局面形成鲜明对比的是李医生的步步高升。李医生与张医生是大学同学，在每次的学校考试中，无论怎么努力也无法超越张医生。可是到了医院工作之后，无论是医院领导和同事，还是病人和病人家属，都十分喜欢李医生。原来，李医生在治疗病患的过程中，都十分注意病患的感受，懂得如何与病患打交道。所以他在患者中的口碑很好，医患纠纷几乎没有。医院领导自然更加喜欢这样的医生了。

张医生与李医生的不同境遇，可以看到应酬之道的所产生的巨大作用。在日本的一所医科学校里，就专门设置了类似"病人应酬学"这样的课程。因为他们深知如果一个医生不懂得如何同患者打交道，那么他们就无法从病人口中探听到病人的病历，乃至家族的健康状况，对病人的治疗也会受到一些阻碍。即使医术再高明，医生也没办法施展出来。

应酬包括的内容很多，它既包含说话技巧、行为礼节，又包含对双方利益的权衡和分寸的把握等等。当然是有需求，才会有应酬，应酬就该以满足需求为基础。换位思考一下，自己也不愿意帮助自己讨厌的人，所以只有自己让对方感到舒服，才会愿意和你接触，进一步做朋友，然后才会愿意帮你办事等等。

首先，应酬无外乎说话办事，所以在说之前，要大概了解对方的一些状况和经历。人与人的生活方式、思维习惯和愿望理想等等，都是不一样的。如果一味按照自己的观点谈论下去，那么对方可能就会觉得与你话不投机，从而不愿深交。又或者自己的话题，对方根本毫无兴趣，这也就失去了对方的注意力。只有把应酬的双向协调性开展好，才会进一步发展处融洽的关系。

其次，就是要注意对方的心理变化，这里也就是上节所说的察言观色。在与对方交谈时，要注意观察对方的心理变化，不能不知对方态度时，就一通把自己的态度观点亮明，使对方失去同你谈话的兴趣。当然也要注意谈话的时机，不能失掉与对方拉近距离的机会。

最后，就是要设身处地的替对方着想。当你站在对方的角度看问题时，才能明白对方更加需要的是什么，那么说出来的话也必然更符合对方的心意。同时，这样做也使你更加了解别人的处境，交谈起来更能感同身受，言辞必定也会更加真诚。这样，能够让你快速赢得对方的信任，从而取得良好的沟通效果。

应酬既包含说话技巧、行为礼节，又包含对双方利益的权衡和分寸的把握等等。应酬应以满足对方需求为基础。只有自己让对方感到舒服，别人才会愿意和你接触，进一步做朋友，然后才会愿意帮你办事等等。

"高调做事，低调做人"就是教我们为人处世的方式。聪明人往往更懂得韬光养晦，在人前不会炫耀自己的才能，而是在做事的过程中，让别人发现自己的闪光点。不要表现得比别人更聪明，这可以说是一种做人的韬略与智慧。尤其对自己的上司，这样的做法就更显得明智了。低调的人生态度，常常能够赢得人们的好感，从而真正做到了保护自己。

不要表现得比别人更聪明

中国古人一直以来比较信奉"大智若愚"这种说法，认为真正有智慧的人会表现得很愚笨。这其实是有大智慧的人的一种生活态度，他们通过装糊涂来掩饰自己的聪明才智，似乎丝毫不对他人构成威胁。他们这种表现只是想要达到积蓄力量、保护自己的目的，而他们这种低调的人生态度，却常常能够赢得人们的好感，从而真正做到了保护自己。

可以说，我们每个人都在寻求着他人的肯定，心情会随着他人的夸奖与批评而变得起伏不定。如果在生活圈中有一两个人的表现异常突出，而又不知道低调内敛，那么很可能就会招来他人的嫉恨，他们会期待着看你出丑的那一天。而且人生中谁也不是"常胜将军"，总有失足的那一天到时候那些心存嫉恨的人定然不会伸手去帮你一把。

那些恃才傲物的人，虽然有才，却犯了人生的一大忌，他们周围的朋友常常少得可怜。因为表现得太过聪明，而映衬得他人很笨。谁也想要维护住自己的形象与尊严，所以其他人难免会因此对那些恃才傲物的人心存不满。他人将这种高人一等的聪明感，视为对自己的一种挑衅与轻视，所以人们本能地排斥那些总表现得十分聪明的人。

在工作中，我们更是要学会这种低调做人的人生哲学。如果你真得十分有才华，也不要表现得比上司还要聪明，因为这会打击上司的自尊心，这是在给自己的工作铺设障碍。做一个真正聪明的人，是会用"愚憨"来作为自己的盾牌，卸掉他人的防备心，抵挡外界的风雨的。他们会适时地表现出自己的糊涂，麻痹对方的戒备心，然后瞅准时机，打一场漂亮的胜仗。

就像《西游记》中的猪八戒与孙悟空，孙悟空神通广大、锋芒毕露，而猪八戒的实力虽然也不俗，但在唐僧的面前就很会装憨。猪八戒平日里也总是受到孙悟空的嘲弄，心里自然对他有些不满。在孙悟空三打白骨精后，就是因为猪八戒的"进谗言"，使得孙悟空惨遭"驱逐"之苦。但从这件事上也可以看出，唐僧在这时选择了相信一直装憨的猪八戒，惩罚的却是除妖有功的孙悟空。可见，孙悟空锋芒外露的强大能力，给唐僧造成了很大的压力，担心这不受控制的强大能力，会有一天形成同样的破坏与威胁。

不要表现得比别人聪明，其实是教我们不要去做那"出头鸟"。适当的装憨，可以保护我们不受他人的非难，避免树大招风，给自己制作不必要的麻烦。

小刘是某名牌大学刚毕业的学生，找到了一份不错的工作。可是在公司里，他觉得自己是名牌大学毕业，自觉高人一等，所以就常常口出狂言，不把别人放在眼里。公司的其他同事对他的这种自以为聪明的态度都很恼火，都想找个机会教育他一下。后来，他们都以退为进，既然你觉得自己那么有能力，那就去解决那些难题吧。所以，每次公司业务上遇到难题时，大家都会假意谦虚地向企业领导推荐小刘。

小刘作为一个新入职的职场菜鸟，又没有什么真正的工作经验，遇到这些实打实的难题，自然也是无法解决。就这样，小刘那单纯因为学历产生的优越感，一连被几次失败打击的完全消失了。大家在一旁看他出丑，没有一个人去帮他。

小刘的确很聪明，从名牌大学毕业，确实是一个可以引以为傲的的事情。但是从他初进公司的表现来看，他完全不懂得如何低调做人。处处显示自己的聪明，从而招来了全公司人的不满，一直最后遭到了别人的嘲弄。如果事事好出风头，自以为比别人高明，那么你即使有再大的本领，众怒难犯，最终也会惹祸上身。所以，我们要给自己留一点后路，要知道不在人前表现得比别人聪明才是明智之举。

其实，这种不在人前显露自己的低调做人态度，就是将自己隐藏在光环之外，让自己防患于未然。不突显高人一等的聪明才智，而是在背后努力付出，这样才能得到别人的认同和帮助。当别人为你出谋划策时，不要急于否定别人的看法，而是自己先表示感谢，然后再仔细考虑考虑。当和朋友聊天时，不要显得过于执拗，即使听出了对方明显的错误，也不要为了显示自己的聪明而直接指出。只有这样，才不会因自己一时的逞口舌之快，而埋下祸根。

总之，一个人聪明是件好事，但不懂得隐藏聪明，却时时在人前显露，那就显得很愚蠢了。一个人显露自己的聪明，可能是想通过把别人比下去，来获得一种满足感。可是与满足感相伴而来的是别人的嫉恨，为自己前进的道路设置了一颗不定时炸弹，得不偿失。所以，学会韬光养晦，才是你为人处世的准则。

不在人前显露自己的低调做人态度，就是将自己隐藏在光环之外，让自己防患于未然。不突显高人一等的聪明才智，而是在背后努力付出，这样才能得到别人的认同和帮助。

怪罪他人是一件费力不讨好的事情，可是人们总是会因为别人做错了事或者出现了失误而去怪罪别人，无论最后有没有解决问题，双方之间肯定会产生隔阂，严重时还可能因为互推责任而进一步激化矛盾。

没有人喜欢被怪罪

在现实生活中，每当别人做错了事情，或者做事时出现了一些失误，我们总是习惯性地去怪罪别人。其实，怪罪他人是一件费力不讨好、得不偿失的事情。怪罪的双方，无论最后有没有解决事情，都会产生隔阂。如果一方情绪再有些失控，那么事情很可能就会演变成一场互相推卸责任的拉锯战，使得矛盾一下子激化。怪罪别人，只会把双方的交情搞糟，对于事情的解决是于事无补的。

反过来考虑，被人怪罪是一件十分令人尴尬的事情，感觉对方的批评真是丝毫不留情面，虽然也清楚自己确实做错了事情，但是这种怪罪总是让人无法忍受的。此时，就极有可能抓住对方一句不当的话，作为自己反击的盾牌，维护自己的自尊。之前已经计划好的虚心承认错误，求得对方原谅，看来只会成为一项永远不会付诸实践的计划了。此时的怪罪，不但让自己倍感压力，还会觉得此人做事不给人留情面，不能深交。

怪罪别人很容易滋生事端，肯定是别人做出了让自己不满意的事情，或者伤害你的事情，你才会去怪罪别人。而此时你的情绪肯定早就因为别人的错误而激动，说起话来必然将平时的分寸丢在一边。这种带有情绪化的指责，一般只能得到情绪化的回击，因为人人都有逆反情绪，被人怪罪感觉总是不好的。但等到事后，自己的情绪稍微平复一些的时候，可能就会意识到，有些话确实说得有些过火，也并不是自己的本意。可说出去的话就像泼出去的水，是收不回来的，对他人的伤害已然造成，自己也只能后悔当时怎么就没有克制住情绪。可见，怪罪别人是一种双输的行为。

李贺最近就因为自己怪罪别人，而心情不畅。李贺是一家建筑公司的安全协调员。平时他为人和善，与工地上的工人们相处得十分融洽。他的工作就是在施工期间，在工地里逛逛，看看哪里的工作没有符合安全标准，就及时提醒工人，比如说提醒他们戴安全帽之类的事情。

有一次，建筑公司在一所大学里施工，学校的一部分校区还是正常开放的，而如果绕过施工区，就要走很长时间，学生们看着施工工程就是铺设地板砖，觉得没有什么安全威胁就都直穿工地进入校区。只有一根阻挡学生进入的绳子也早已被学生踩进土里。李贺被学生的这种行为搞得十分头大，于是就想找个机会教育一下学生。

一次，他又看到一群学生三三两两地走进施工区，他肚子里一股怒火升起，就冲着走在最前面的学生喊道："施工现场不允许过，赶紧折回去。"可那个学生似乎没听见，依旧不紧不慢地走着。于是他从远处冲到学生面前，就冲他嚷道："你没听见我让你返回去吗？怎么这么没规矩？"学生本来也知道自己是横穿施工现场，也知道自己做错事了。可是他一见周围的建筑工人和身后的同学都在看着自己，觉得十分丢面子。于是毫不客气地回了李贺一句，"那么多人呢，我哪知道你冲谁喊呢，自己的工作没做到位，凭什么指责我！"说得李贺脸上红一阵、白一阵。但是学生说完，也没继续往前走，就按原路返了回去。其他的学生一看，也都纷纷折回去，绕道而行了。

虽然李贺确实把这件事情解决了，但是被他怪罪的学生却毫不留情地回击了他，弄得当时的气氛十分糟糕。双方谁的面子也没护住。

其实，从学生后来的行为看，他知道自己确实做错了，可是李贺的态度也深深地刺激了他，使他没有心平气和地接受指责。而李贺也因为学生的态度而心情十分不畅，毕竟一个学生当着那么多同事的面回击自己，让自己有点下不来台。

当不愿见到的事情已经发生的时候，就不要再想着去怪罪别人了，因为早已于事无补。你控制好自己，不去怪罪对方，至少还有对方的人情在；怪罪对方，则连他的人情也不在了，而且事情还是很糟糕，只是不同的是，事情会变得更糟糕。

首先，怪罪没办法解决任何的事情。其实很多时候，对方对自己所做的事情已经尽力了，可是天不遂人愿，事情没办成，此时你若还怪罪于他，谁也会觉得委屈。只有自己静下心来，与对方一起探寻事情失败的原因，下次再做的时候，做出适当的改进，这样才有益于问题的解决。如果不问青红皂白，劈头就是一番怪罪，只会把对方推向自己的对立面，推卸掉自己的全部责任。

其次，糟糕局面已经发生时，尽量使用委婉的话语，与之交谈。怪罪人的话，更容易伤害人。就像一个小孩子知道自己做错了事情，心理本来就很难过，如果你还大发脾气，去训他，他只会更加惶恐，甚至产生逆反心理。委婉的话语更容易让人接受。这不仅会消除对方的顾虑，也会缓解他的心理压力。这就为双方心平气和的解决问题，奠定了一个良好的基础。

当对方犯了错误时，你一定要注意放慢语气，掌握好分寸，只有这样才能赢得对方的尊重，才能有利于事情的解决。

没有人喜欢被怪罪，所以在要怪罪别人时，要换位思考，看看怎样说才有益于事情的解决。如果一味地冲别人发泄怒气，那么你很快就能从对方的脸上看到自己此时的神情。

在现实生活或工作中，我们常常见到认死理、钻牛角尖的人。我们每个人都希望能辨清是非黑白，妥善解决好各种问题，得到一个利己利人的圆满的结果，但我们却没有必要为了一些不值得研究或无法解决的事情费尽气力，或是把很多简单的事复杂化。殊不知，这种一竿子捅到底而不知变通的做法常常让人走进死胡同。

做人不钻牛角尖

俗话说："日出东海落西山，愁也一天，喜也一天；遇事不钻牛角尖，人也舒坦，心也舒坦。"然而，生活中许多人遇事思维僵化，办事不知变通，考虑不到事情的各个方面及事物的多样性，只认定一个想法，好钻思想的死胡同。他们一条路走到黑，直到山穷水尽，把自己逼上艰难痛苦的境地而无法自拔。这就是常说的"钻牛角尖"。这种人脑筋不开窍，遇事不转弯认死理，对事物看法固执，盲目坚持自己的想法而不懂变通。

生活在海洋里的章鱼身体很柔软，柔到几乎可以把自己塞进任何自己想去的地方，无论那里有多么狭窄。就是因为这种柔韧度，让章鱼在捕食的时候也比其他的鱼类方便了很多。可以说，章鱼靠着柔软的身体在海洋里过着轻松自在的幸福生活。但当渔民们发现章鱼的这个特点之后，想出了一个能大量捕到猎物的方法。他们把很多小瓶子串在一起沉入海底。果然，章鱼见到海底来的新奇玩意儿，都争先恐后的往里钻，一是尝试新鲜事物，二是挑战自己。无论再怎么拥挤，它们都要狠命往里钻，结果最终被小瓶子囚禁了，成了渔夫的囊中之物。

不难理解，囚禁章鱼的不是小瓶子，而是它们自己。人也一样，遇事总想往笼子里钻，一味地钻牛角尖，势必会作茧自缚。

爱钻牛角尖的人，一般有两种。一种是不管在什么场合或对什么人，他们都喜欢表现出与众不同，好像故意喜欢与人作对，人们说东他偏说西，我们说南他偏说北。无论人们说什么，他都会找出一些例子来反驳。明明说得是普遍现象，他就找出一些个别的事实来对付你；对于已经成为事实的例子，他就找出一些可能发生的事情对付你。

另外一种是遇到什么事情脑子不转弯，他们总是按照他习惯的逻辑方式进行思维，不管别人说什么，总觉得自己的想法就是对的。他们不喜欢别人提建议，不喜欢别人的批评。这种人脾气很倔，有很强的逆反心理。他们看问题比较片面、偏激，不能全面、客观、一分为二地看待和分析问题。有时候他们明知自己的论据不足，但强烈的自尊心往往让他们固执己见。虽然他们可能会觉得别人的教诲、劝说、批评、告诫是对的，但他们还是坚持错误思想。如果别人坚持劝说他们，他们就觉得那是在伤害自己的自尊心，因此他们会口头上加以回驳、在行动上加以对抗。

爱钻牛角尖的人，不能抽身从客观角度看眼前的问题，心理上很不健全。固然，我们每个人或多或少有牛角尖的思想，并不足怪。但如果牛角尖思想愈多，只会令自己更不快乐，感到痛苦和困扰，严重的还很容易患上抑郁症、焦虑症及性格障碍等。有研究自杀的学者指出，自杀者临死前都有钻牛角尖的想法。

小晴是个聪明可爱的女孩儿，23岁那年准备着跟相恋四年的男友结婚。距离结婚的日子越来越近了，然而有一天男友突然说，他不想结婚。更令人崩溃的是，导致这一结果的原因是他爱上了小晴的闺蜜。这对小晴来说，无疑是一个晴天霹雳。她险些晕倒，坚持不肯放弃这段感情。小晴去求闺蜜放过自己的男友，两人谈不来还打了一架，最后不欢而散。小晴无数次找男友谈判，渴望冰释前嫌，她甚至去找男友的家人，寻求帮助。诸多的努力没能换回什么，但小晴依然放不下。每天为了见男友一面，她会躲在他家的楼下很长时间。有一天下起了大雨，她照例在那里等候，盼望着男友回家，自己能远远地看看他的背影。没想到，映入眼帘的是男友在温柔地给曾经的闺蜜撑伞遮雨。这个画面令她彻底崩溃了，回到家就从四楼就往下跳。因抢救及时，命保住了，可小晴腿部受伤严重，落下了残疾。

爱情是美好的，有的时候也值得我们去奋不顾身地追求，但是它终究只是生活的一部分。感情的世界里，人聚人散，恋爱生活里分分合合本是常事。可小晴却要因一段感情的结束陪上花季少女宝贵的生命健康，这是多么令人惋惜和不值得的事情。失去了爱情，还要面对友人的背叛，这确实令人失落、悲伤。但是，当不幸已经降临，一段感情已经结束，再多的挣扎已经没有什么意义。

许多时候，人最大的不幸在于只知道前进，而不懂得后退；只知道抓紧，而不懂得放手。就像小晴一样，当幸福不再的时候，能够理性思考，选择后退一步，才能让伤痛减少，重新开始新的生活。事实上，生命与时光对每个人来说都是异常宝贵的，这是上天给我们最大的恩赐。尽管眼前的不幸让人伤神，但是放弃执拗，放眼未来，你会发现人生还有很多美好等着自己。无法坦然面对不幸与打击，一味地固执下去，换来的最终是身心的疲惫，是更惨烈的悔与恨。

由此看来，生命与生活的哲学在于换个角度看问题，发现不一样的风景。能够做到这一点，你会收获一片晴朗的天，而非那一时的阴雨蒙蒙。

有时候钻牛角尖，非要问个究竟，结果可能是失去本该得到的东西，这就是不懂得进退有度。毕竟，不是所有的问题都有深究的必要。正所谓，具体问题得具体分析，眉毛胡子一把抓就是乱套，只会咎由自取。生活会带给我们不幸，不过这也是一番成长的智慧。关键在于，如何去面对。遇到挫折与不尽如意人的事情，不必乱了心神，应该丢下执拗，去寻找有效的解决良策。可能不幸会让人痛苦一阵子，但是经历了淬炼的心会体验到人生的淡定之美。这，其实是生命的恩赐。

有什么样的个性，就有什么样的命运。遇到不幸与挫折的时候，最能考验一个人的心胸与气度，以及处理问题的能力。那么，怎样才能让遇事冷静，及时跳出死胡同呢？

第一，不能只看到事情的一面，要看到万事万物的多面。钻牛角尖就是做事一门心思，因此想要避免自己越钻越没出路，就得多角度的来看待每一件事情，注意培养自己考虑问题时思维方法的多元化。考虑周全就需要具备丰富的知识，只有对事物的背景资料了解的多了，才能找到解决事情的最好最快的途径。

第二，学会打破思维定势。很多时候，我们沉迷在自己的世界里，考虑问题就只会钻牛角尖，把事情复杂化。所谓进退有度，"进"为"理争"，"退"为"反思"，两方面都得兼顾。

第三，没有化解之道时，及时转移注意力。有的事情对我们形成了打击，一直沉溺于痛苦中对自己没有好处。这时候，要学会转移注意力。时间会抚平伤痕，淡忘了不堪回首的万事，自然能走出困局。

总之，钻牛角尖，就会钻入死胡同，就是亲手把自己禁锢在一个狭小黑暗的角落里。遇事一定要淡定，积极乐观。正所谓，"车到山前必有路，船到桥头自然直"，换个角度看世界，你就会看到碧海蓝天。

认死理、钻牛角尖的人，他们遇事不知道变通，一条道跑到黑，生活因此陷入苦恼和困顿中，伤人害己，百无一用。

在人际交往的过程中，讲究的是平等待人，自尊自重。处理人际关系时，千万不要以势利的眼光为标准，否则在别人的眼里，你就会变成一个谄上欺下的势利小人了，这样的你当然不会赢得他人的尊重。在与地位高的人接触交往时，在保证礼貌待人的基础上，要做到落落大方、不卑不亢，更不要显示出谄媚的神情。同样，在与自己相比社会地位低的人的接触中，也不要表现出一副高高在上的模样，切忌狂妄自大，应该表现得平和谦逊。只有这样才能在人际交往中保留自己的一份"清高"。

做人不能太势利

在处理人际关系时，千万不要以势利的眼光为标准，否则在别人的眼里，你就会变成一个谄上欺下的势利小人了，这样的你当然不会赢得他人的尊重。因为人们在人际交往的过程中，注重的是平等待人，自尊自重。只有礼貌待人，平等待人，才能在人际交往中保留自己的一份"清高"。

其实，生活中的我们经常会碰到这样的情况，好久不联系的朋友突然现身，并且对你嘘寒问暖，时不时的还约出来一起吃个饭。可等一段时间后，他才开始对你断断续续透漏有事情需要你帮忙。这时的自己虽然早已隐约猜到，这突如其来的热情后面应该有一个明确的目的，但是知道真相的我们还是感到心里一阵不悦。毕竟这个朋友是有事相求，才来联络感情的。总觉得这样的人很"势利"，用得着你的时候，就千方百计取悦你，用不着你的时候，就根本忘记了你这个人的存在。

势利的人最爱做的事情就是趋炎附势了，他们不讲人情面子，只看势力权贵。他们常常为了巴结权势，追逐利益，而不顾自己做人的尊严。当他所攀附的有权有势之人一旦失势，他会头也不回地迅速去寻找另一个可以攀附的权贵。这种势利之人不但可鄙，而且也很危险，因为你不知道何时在他眼中会失去利用价值，并把你出卖，来换取其他人的信任。

做人千万不能太势利了，不要看到别人发达了，就一味奔走钻营，为了与对方扯上一点关系，而使尽浑身解数。当然更加不能看到别人落魄了，就躲得远远的，生怕与自己沾染上一点关系。要知道生活中并没有一个定数，谁也不会永远趴在谷底，正所谓"三十年河东，三十年河西"，风水轮流转，落难英雄也会有一飞冲天的那一刻的。

所以，我们在积累人脉的同时，不要只盯着那些风生水起的大人物，也要和一些"落难英雄"交朋友。把目光放长远了，千万别让耿直的性格害了你，这样才可能结交一些真正的朋友。

王松在美国有一家律师事务所，他最初只是一名小小的律师，专门受理关于移民的各种案件。他在创业之初，吃尽了苦头，但凭着他一股子不服输的劲头，加上卓越的能力，很快他就在当地小有名气了。当然，财富、名誉等等也随之而来，他有了自己的雇员，扩大了事务所的规模。事业如日中天的王松，万万没想到因为股票的投资失败，使得他的积蓄一日之间就人间蒸发了。

可是，"屋漏偏逢连夜雨"，美国移民法的修改，使得移民额减少，他的生意自然大受影响。事务所门庭冷落，他此刻面临的是破产的威胁。没想到来自国内的一个电话却把他从人生的一个低谷拉了上来。原来是国内的一个朋友季川，季川说他会帮助王松恢复原来的律师事务所，并且继续资助他。

原来，季川在国内最初创业的时候，资金一时周转不过来，于是开始四处筹措资金。可是其他人看他的公司刚成立，也看不出有多大的前景，就都找出各种理由拒绝了他的借款请求。可是王松却想也没想就把钱借给了他，帮他渡过了一大难关。季川一直因为这件事对王松心存感激，希望有个机会可以报答这份情。当他在国内听说了王松的处境后，自然二话没说就向他伸出了援手。

王松没想到当初的一次小小的"善举"，竟然被人记住，而且最后对方竟然帮助自己摆脱了困境。人生真的很奇妙，你每天接触到的人，不知道哪天会以一个救世主的形象出现在你的面前。

人生短短几十年，人的境遇也是千变万化的。不要遇到事情，才想起来去求人，这种"平时不烧香，临时抱佛脚"的做法，往往效果很不理想。所以，不要目的明确地去接近一个人，即使无事相求，也要与对方保持常联系的状态。

我们做人做事，切忌目光短浅，只看到一人一时的境况，不能因为他此时境遇不好，就在对方的世界里消失得无影无踪，朋友间，你帮我一把，我推你一下，困难就在互相搀扶中度过了。而且，"患难见真情"，朋友必定会铭记这份真挚的感情在他日境况出现转机时，也会时不时的帮你一把，说不定还会成为你生命中的"贵人"。

首先，做人要实在。不要在利益的驱动下与人结交，实实在在的做人，他人遇到困难了，就不要装作没看到，顺手帮人一把。这样既能赢得被帮助者的尊重，也能交到更多的实在朋友。在这样的一个"熟人"社会，你的为人会迅速为人所知，你是一个实在人，那么人们也愿意交你这样一个朋友；如果在他人的眼里你是一个势利之人，那么他人会从心眼里看不起你，自然也会疏远你。

其次，不要以财势地位来衡量他人。如果以财势地位来衡量一个人，那么你就很可能也陷入了趋炎附势的漩涡之中。俗话说得好，"以势交者，势倾则绝；以利交者，利穷则散"，一针见血地说破了势利之人结交朋友的本质。财势地位，虽然可以在一定程度上代表一个人的能力，但是这背后隐藏的玄机却也不是一般人能够了解的。

做人要实实在在，不能做一个像契诃夫笔下的"变色龙"一样的势利人。那种势利小人往往不会让人产生好感，就连他一直巴结奉承的对象也会对他不屑一顾。所以，我们要挺直自己的腰板，做一个堂堂正正的人，只有这样我们才能够赢得他人的尊重，才能活得有尊严。

我们做人做事，切忌目光短浅，只看到一人一时的境况，不能因为他此时境遇不好，就在对方的世界里消失得无影无踪，朋友间，你帮我一把，我推你一下，困难就会在互相搀扶中被克服。

常言道："忠言逆耳利于行。"只是，若是在你毫无准备的情况下突然听到逆耳之言，恐怕你明知逆耳之言并不都是"恶语"，听起来也总归是不那么心情舒爽的。如果你马上表现出扭捏不满的态度，或者皱起眉头，剑拔弩张，就只能让事情的严重性越来越大。其实，任何人或多或少都有自己的缺点，听到这种话时，只有保持一份谦虚，少一份聒噪，才能让人更加尊敬你。

听到逆耳之言不失态

常言道："忠言逆耳利于行。"只是，若是在你毫无准备的情况下突然听到逆耳之言，该怎么办呢？尤其是那些热血好斗的年轻人，当你正在得意洋洋之时，一泼冷水浇下来，心里肯定是不爽的吧，毕竟"好话一句香千里，恶语一句六月寒"。只有保持一份谦虚，少一份聒噪，才能让人更加尊敬你。

有一次唐太宗退朝回宫后，非常恼怒地对长孙皇后说：迟早我要杀了这个乡巴佬！皇后急忙问道：陛下要杀谁呀？唐太宗怒言道："魏征总是当面侮辱我，不给我留情面！"皇后听完后，立刻换了礼服出来向太宗道贺说："君明则臣直。魏征忠直，敢于犯颜直谏，正说明你的圣明大度，真是可喜可贺啊！况且陛下并没有当面脱口说出此番言论，有失常态，正表明陛下有着宽怀胸襟。"太宗听完后，怒气渐消。想起魏征的为人处世，内心油然生起了无限的敬意。

想来，唐太宗能有让臣下不留情面纠正的雅量，也是需要反复磨炼，才能成熟的。很多时候，我们如果老是顺着别人对自己提出的逆耳之言去想，那么只会让事情变得更加困难，而且还可能因为自己的不当言行，弄得场面更加的尴尬。

在社交场合中，当你的谈话受到无理的顶撞，你该如何做出反应？当你的好意受到误解，你该怎样解释？当你正兴致勃勃突然遭遇扰乱心情的反驳，你又该怎么办？你会怒目相视，还是会浅浅一笑，"悉听尊便"呢？聪明的人肯定是后者，因为，这样既可以表现你的大度，还能表现出你临危不乱的优雅，颇有大将之范。

那么，年轻人，当遇到上述情况时，你又该如何应对呢？下面就有三种方法，可以让你平稳心态，表现成熟优雅之范。

第一，心境平和，以不变应万变。当逆耳之言向你袭来的时候，在某种意义上正是考验你做人态度和处世修养的时候。当然，你若能做到安之若素是最好的了。可事实上人们又往往很不容易做到这点，逆耳之言会在你的内心激起强烈的反应，这种反应又会表现在面部表情上。

其实，年轻人大都有点心高气傲，出现这种表情变化也很正常。但是也应该注意场合和时间，因为这在不同的场合能体现出一个人的分寸、素质和修养。如果你能保持一份大方的风度，那么一定能得到众人的尊重，就连反驳你之人都可能刮目相看。一个人的失态往往是在感情冲动的情况下发生的，严重者很容易失去自控能力，所以，只有当我们心境平和之时，才能以不变应万变。

第二，切忌剑拔弩张，不要让唾沫淹没你自己。年轻人都好冲动，听到逆耳之言时，感情很容易波动开来。有些时候只要稍微听着不顺心，就颇有豁出去的感觉，不仅会与对方口舌相向，不雅观的字眼也会从口中脱露而出。事实上，失言只会引起更加激烈的争论，使矛盾升级，这样很容易伤害对方的感情，同时也造成自伤。

其实，在处理这种言论激烈的情况之前，我们应该用一种相互谅解和理解的方式进行沟通。我们应该冷静的思考，多想想对方的话是否有根据，是否真的是自己做的不对，然后再用得体的言语进行回答。

第三，礼数不可少，做个优雅的绅士。一旦你的态度发生改变，必然也会失去该有的礼数。平心而论，对方提出意见和看法，本身就是对方对你的一种尊重，你应该对他表示感谢。至于对你有某些误解，你可以通过努力去改变和消除，不要动不动就大动干戈，弄的双方都没有台阶下，然后让彼此在众人面前的形象大打折扣。只有优雅礼貌地正确对待对方的言论，才能方显大度，不失礼于人。

年轻人在对待逆耳之言时，一定要学会控制自己的感情，不能意气用事。这样才能不失风度，应对得体，让别人看到你成熟的同时，还能让对方也尊重自己。

做人要大度：
放下小纠结，追求大境界

懂得克制的人，

会放弃赤裸裸的以怨抱怨，

而是选择以德报怨，

在宽容中接受这个世界。

处于信息时代，人们沟通的手段和渠道越来越丰富，但人际交流的融洽程度却未必因此而得到显著的提升。造成这样那样阻碍的症结之一，就是头脑中固有的偏见。这种先入为主的偏见直接破坏了我们对这个世界多样性的理解，负面作用特别大。想要抛弃这种偏见，就必须有一颗宽广与公正的心，做到"不知人而不愠"。在与朋友的相处中，更不要因为一些小事，以偏概全，伤害彼此的感情。只有抛弃成见与偏激，才能在人生路上少走弯路。

抛弃头脑中固有的偏见

生活中，"偏见"总是时不时地跑出来"偷袭"我们的生活，造成无数人生蹉跎。因而，必须抛弃固有的偏见，学会用发展的眼光看问题，学会用思辨的观念掌控未来。

那么，什么是偏见呢？从字面上的意思来看，"偏见"是对人或事的看法有失偏颇，不全面，不准确。在固有偏见的影响下，我们对身边的人和事会本能地讨厌，或者加以拒绝。说得通俗一点，就是"戴着有色眼镜看人"。

对此，美国社会心理学家戈登奥尔波特在《偏见的本质》一书中，这样描述"偏见"（prejudice）："没有充分理由而消极地评价他人"。显然，在没有事实根据的情况下就作出判断，产生鄙视、讨厌、恐惧或厌恶的感觉，这其实是一种错误的认知。换句话说，受到"偏见"的影响，我们直接对外界作出某种反应，根本没有准确、深刻地了解相关信息，或者压根儿就不想去了解。形成了这种错误判断，接下来做任何事情都会偏离方向，导致盲目行动、错误抉择。

可以说，"偏见"是思维上的定势，人们在遇到问题时不去思考和探究，而是直接想当然，采用程式化的思维进行判断。这样一来，势必在做人上有失偏颇，做事也不会水到渠成。比如，你对某个人抱有偏见，那么即使对方并无恶意，你也会认为其有不可告人的目的，怀疑对方是一个阴谋家。这种判断势必给彼此的交流造成障碍，无法推动双方融洽关系的建立。以此类推，可见头脑中固有的偏见是多么具有杀伤力。

偏见，从某种意义上，是一种思想上的固定模式导致的不正确判断，就像我们一提起某个地方的人就会有一种主观上的判断：谈起上海人，就想起精明二字，而温州人是有钱，东北人的豪爽，法国人的浪漫……然而，现实给我们上了血淋淋的一课，极其深刻地告诉我们，这种偏见是错误的，它让我们为之付出代价。

2013年12月2日，北京街头发生了一起交通事故。原来，一名骑摩托车的外籍男子和一位过马路的中年妇女发生了冲突。随后，舆论一股脑地指向了中国大妈，说她这是"碰瓷"，想讹钱。而在网络上声讨这位大妈的声音不绝于耳。

一时间，更多的人接受网络信息，断然将这位大妈贴上了贪财与诈骗的标签。此外，不加调查的无良拍客和媒体借机炒作，用几张照片编造事故发生的情景，结果让那位大妈十分被动，承受了巨大压力。然而，事实并非如此，只是原来越多人被头脑中的偏见束缚，才失去了基本的判断力。

后来，有人提供了一段现场视频，才让那位大妈洗刷了清白。而警方调取了监控录像，初步查明撞人的外籍男子属于无证驾驶，而他驾驶的摩托车根本没有牌照。

那位大妈何其无辜，就只是因为我们对中国大妈的偏见，使得自己不再去相信国人，而去相信一个举止粗鲁，满口胡话的外国人。试想一下，如果我们能收起偏见，以一个旁观者的身份去理性地看待这个问题，又怎么会冤枉那位大妈呢？

左右我们行为的最大困扰是"偏见"，影响我们行为的最大阻碍是"偏见"的延续。生活中，有许多人因为不懂得主动消除固有的"偏见"，结果制造了悲剧，遗憾终身。这种教训值得记取。

朵朵是一个大一新生，她们宿舍一共有四个人，李佳，楠楠和一个来自乡村的女孩，花妹。这个花妹为人朴素，节俭得近似苛刻。刚来一个月的时候，朵朵看见花妹从楠楠床上拿了一张百元大钞，她没有在意。当天晚上，楠楠就说自己丢了一百块钱。朵朵想，一定就是花妹拿的，她那么穷。因为不想惹事，朵朵什么都没说。一个月后，朵朵发现自己放在床上的钱包不见了，直接怀疑是花妹拿的。这时，她沉不住气了，把自己看到的事情告诉了楠楠。

晚上，两个人直接逼问花妹，向她要钱。花妹知道自己被冤枉了，但她什么都没有说，直接找来一个竹棍，在朵朵床下划着。很快，朵朵的钱包被划了出来；紧接着，楠楠的百元大钞也被划了出来。至此，两个人才知道冤枉了花妹。虽然花妹原谅了她们，但她们三个人总是不如其他宿舍的人相处得那么自然，为此朵朵和楠楠一直后悔不已。

人最大的敌人是自己，很多程度上是因为头脑中固有的偏见。想要抛弃这种偏见，就必须有一颗宽广与公正的心，做到"不知人而不愠"。在与朋友的相处中，更不要因为一些小事，以偏概全，伤害彼此的感情，因为狭隘而使朋友远离自己，抛弃成见与偏激，才能快快乐乐，才能在人生路上少走弯路。

偏见就像一堵墙，遮住了你的视线，使你看不到外面的风景，只能看到光秃秃的一堵墙。在偏见的作用下，我们认为这个世界上只有一堵墙，其实墙外面有山川有河流，有鲜花，有白云，只是你没看到而已。

不敢抛弃偏见的人，都是懒惰的。他们喜欢直接用以前的认知作为标尺，丈量以后的生活，虽然省事却会断送未来的幸福。请不要因为别人的只言片语而妄下对别人的认识，这样太过以偏概全。

遭遇他人的打击报复，或者被误解，人们很难心绪平静。对于这种不公正的待遇，最直接的反应就是伺机报复，让压抑感得到疏解。不过，一上来就以牙还牙，并非智者所为，也不是成大事的风度。被伤害之后，如果选择了抱怨，你的心灵将被束缚。懂得克制的人，会放弃赤裸裸的以怨抱怨，而是选择以德报怨，在宽容中接受这个世界。只有宽容别人对你的伤害，放下那块心疾，才能使你空出你的心，看到更宽广的世界。

宽容别人对你的伤害

忍，即容忍别人对你的伤害。忍字头上一把刀，能够容忍很不容易，因而能够宽容别人对你的伤害，那就更难得了。宽容别人，其实就是善待自己，因为憎恨腐蚀的是自己的心灵。假如说憎恨是拿起的话，那么宽容就是放下，憎恨就像一颗种子，一旦发芽就肆意地生长，直至难以自拔，同时，也像石头一样，仅仅压在你心中，让你感到窒息，此时只有宽容别人对你的伤害，放下那块石头，才能使你空出你的心，看到更宽广的世界。

早年，南非总统曼德拉因为领导反对白人种族隔离政策而入狱。后来，白人统治者把他关在荒凉的大西洋小岛上。这一关就是27年，曼德拉度过了人生三分之一的时光。那时候，曼德拉已经苍老，但是白人统治者依然虐待他，让这位老人饱受屈辱。

多年以后，曼德拉被释放，并于1991年当选南非总统。在就职典礼上，这位民族英雄做了一件足以震惊世界的举动。职仪式开始了，曼德拉起身致辞，欢迎各位来宾。随后，他逐一介绍了世界各国的政要，然后话题一转，说今天最高兴的是当初在罗本岛监狱看守他的3名前狱方人员，来到了现场。一时间，现场人员都被震惊了。

接着，曼德拉邀请这三位特殊的客人起身，并一一介绍给大家。把曾经虐待过自己的人当做贵宾，这在世界史上恐怕绝无仅有。但是曼德拉做到了，让全世界的人都为之肃然起敬。对此，他有自己的理解："我年轻时性子很急，脾气暴躁，正是在狱中学会了控制情绪才活了下来。"

显然，曼德拉感谢牢狱岁月带来的宝贵财富，那就是学会了如何处理自己遭遇苦难的痛苦与磨难，并以极大的毅力来训练自己。回想起出狱那天的情景，曼德拉这样描述："当我走出囚室，迈过通往自由的监狱大门时，我已经清楚，自己若不能把悲痛与怨恨留在身后，那么我其实仍在狱中。"

对大多数人来说，面对虐待过自己的人，唯一想法便是报复。可是，尽管是27年的虐待，曼拉得选择了宽容。其实，他宽容了对方，也是在饶恕自己。我们时常抱怨生活中的不如意，嫌这嫌那，却忘记了宽容那些别人带来的伤害。须知，所谓的伤害正是我们抱怨的来源，尝试去宽容，那么你会感到从心底传来的那份释然与畅快。

对很多人来说，拥有一段美满的婚姻很重要。其中，很关键的一点是悉心经营，并学会宽容另一半。有一对八十多岁的夫妇飞非常快乐，有人问老妇人："为什么你们感情那么好，其中有什么秘诀？"

老妇人说："结婚前，我给他订了十条保证，如果他违反了其中任何一条，我就选择与他离婚。"这个人又问："这么多年，难道你们就没有吵过架吗？他就没有伤害过你吗？"老妇人接着回答："每当他把我气得恼羞成怒，我就想到他对我的伤害都不在那十条规矩之内，于是我就原谅了他。"

因为在婚姻中选择克制，宽容对方的伤害，所以这对老夫妇拥有六十年的幸福婚姻。在一些人看来，这种宽容很平凡，但是比起那些因为一点小事就选择离婚的人来说，这又何其伟大。懂得克制自己，选择包容对方的一切，而不是用最直接、最简单的粗暴方式解决问题，充分体现了一个人的修养和胸襟。因为，在包容与克制的背后，是当事人默默的奉献、对寂寞的守候。

一个不懂得宽容别人的人，一定是悲观的，也是可悲的人。因为不懂得宽容别人，他们把所有生活上的不顺都归咎于他人，盲目而又武断，他们不懂得从自己的身上找原因，不能够正确、全面地认识自我。事实上，很多不顺利的境遇其实是个人的能力或想法导致的，也正因为如此，使他们不能进步，在老地方停滞不前，最终被社会所淘汰。不宽容一个人，那么，你就有一条路被堵上，当你不宽容所有人的时候，你也就无路可走了。

当你不宽容别人，不懂得理解别人，那么即使你伤害了别人，而别人宽容了你，你也会认为别人没有小肚鸡肠。不懂得宽容别人，其实是在用自己的想法来随意地揣摩他人。

越战结束了，一个士兵从旧金山给父母打了一个电话。他说自己准备回家，但是要带一位朋友一起回来，请求父母务必同意。电话那一头，父母欣然接受，并表示高兴接受这位来客。

但是，士兵仍然不放心父母能够接受自己的这位朋友，于是进一步说："有些事必须告诉你们，他在战斗中受了重伤，因为踩到了地雷而失去了一只胳膊和一条腿。"听到这里，父母似乎有些难过，当时仍然期待朋友的到来。

接着，士兵又对父母说："我希望他和我们住在一起。"但是这遭到了父亲的反对："你不知道自己在说些什么吗？你要搞清楚，这样一个残疾人会给我们带来沉重的负担，决不能让他干扰我们现在正常的生活。孩子，你快回来吧，把这个人忘掉，他会自己找到活路的。"

随即，儿子挂上了电话。而电话那一头的父母再也没有得到儿子的消息。过了几天后，他们接到旧金山警察局打来的电话，原来儿子从高楼上坠地而亡。并且，警察局认为这是自杀。

这对夫妻悲痛欲绝，急忙前往旧金山。在陈尸间，他们惊愕地发现，儿子只有一只胳膊和一条腿。毫无疑问，上次打电话的时候，儿子所说的那位朋友就是他自己。可惜的是，他不懂得宽容自己，也不肯将真实情况告诉父母，最终因为无路可走而选择了自杀。其实，父母怎么会嫌弃他呢？这种自以为最终把他逼上了绝路，其教训是异常惨烈的。

一个人连自己都无法宽容，又怎么能以友善的态度与人相处，面对这个世界呢？在我们身边，自负的人很多，戾气太重的人也很多，他们火爆子脾气，或者耍性子，结果只能是作茧自缚。做人要克制，保持一份低调和隐忍，而不能去直接和身边的人去碰撞，去苛责生活中的每件事。

事实上，宽容别人，其实就是宽容我们自己，因为世界上没有永远不犯错的人。多一点对别人的宽容，我们生命中就多了一点空间。在人生路上，懂得宽容的人会让残酷的生存变得圆润一些，从而在增添关爱和扶持的同时减少寂寞、孤独。不再横冲直撞，那么生活自然会少一点风雨，多一点温暖和阳光。这其实就是幸福人生的追求，是生活的法则。

直性子的人喜欢开门见山，包括直接应对艰巨的挑战。困难来了，误解来了，他们不懂得退让，而是直接迎上去，结果未必如愿。其实，多一份宽厚的性格，尝试着去包容万事万物，你会发现生命其实很简单，快乐也容易到来。

生活中，我们会遇到各种各样的人，各种各样的事，自然也避免不了有一些摩擦。面对这些摩擦，很多人选择了抱怨，将这些摩擦都归咎于他人，而不去反省自己。直接将责任托推掉，不仅徒劳无益，反而危害自己。虽然直接怪罪他人很简单，但是那不过是一个虚妄的借口，事实往往心知肚明。当你怪罪别人，而不自我反省的时候，你就缺乏了对自己的认知，从而迷失自我。

多反省自己，少怪罪别人

生活中，当我们面对这些摩擦，很多人选择了抱怨，将这些摩擦都归咎于他人，而不去反省自己。直接将责任托推掉，不仅徒劳无益，反而危害自己。事实上，反省是进步的前提，不懂得反省的人在迷失自我的丛林中无法找到方向感。孔子曾说过："见贤思齐焉，见不贤而内自省也。"可见，自省心有多么重要。

吴玉章老人既是学界泰斗，又是严格自省的楷模。在81岁生日那天，他还一丝不苟地为自己写下一篇《自省座右铭》："年过八一，寡过未解，东隅已失，桑榆未晚。必须痛改前非，力图挽救，戒骄戒躁，毋怠毋荒，谨铭。"从这份自省功夫上，可以看到当事人那份难得的克制心，以及宽厚的胸襟。

反省自己，其实也是一种释放，一种解脱。人们怪罪别人，而不反省自己，更多的时候，是因为好面子，不愿承认是自己错了，好像自己错了就会被别人看不起，就会低人一等，从而在心里面很压抑，硬撑着说不是自己的错。其实，这样的人很累，因为他们的心是闭塞的，他们不敢将自己的很多事情告诉别人，因为有些事情知道是自己的错，却不去承认。

有一名白人士兵，在二战期间受了非常严重的伤。当时，大部队已经离开，他感到无比的绝望。幸运的是，有一个人救了他，他非常感激。因为脑子中的淤血，他暂时性失明，在一次闲谈中，他才了解到原来一直照顾他的幽默的大男孩竟然是一个黑人。为此，他非常生气，认为这名黑人欺骗了自己，他宁可选择死亡也不要一个黑人来救自己。因为在战争中死亡，他还拥有着作为军人的荣耀，被黑人所救。对他，以及所有的白人来说，是一种耻辱；但是，没有那位黑人，他绝对会死亡。

于是，这位白人士兵非常困扰，便去看心理医师。心理医师先跟他来了一个浅短的闲谈，当他把自己的困扰说出来以后，才语重心长地说："我也是一个黑人。"除了肤色之外，他们有什么不同。这时，士兵有些释然。是啊，除了肤色，他们没有什么不同，因为害怕其他白人的嘲笑与歧视，他有些敌视那位黑人，可是什么也改不了那位黑人的善良与朴实。为什么又因为别人的眼光而认为自己低人一等，而去不承认是自己错了呢？明白了这一点后，他非常开心，内心也释然了。从此，他在坚决维护黑人，呼吁种族平等，所有认识他的人都说他是一个英雄。

善于反思的人总是回过头来，查找自己的错误，为以后积累经验，以期将来做得更好。然而，不反思的人却总是用一些似是而非的理由，将所有的错误撇得干干净净，认为所有的错误都是因为外部原因，因而去埋怨别人，将所有的责任都推给别人而不愿去承担。这是一种怯弱的表现，他们不愿去面对现实，承认错误和承担责任，因为没有反思，所以错误仍会延续，甚至重犯。反思的人承担错误，了解自己的错误，所以他们在进步，每天以愉悦的心情绪饱满地去面对生活；不懂得反思的人也不会去理解别人，每天都在努力地把所有的错误都安在别人身上，忙于埋怨别人，所以他们并不快乐，在人生路上一直倒退。

有两座山，山上各有一座寺庙，里面住着许多和尚。其中，一座寺庙的和尚和睦相处，快乐自在，而每天来往的香客也络绎不绝。但是，另一个寺庙就不同了，那里的和尚整天吵吵闹闹，根本无法安生地过日子，也很少有香客来。

这一天，香火不旺的寺庙主持前来拜访香客爆满的寺庙住持："你的徒儿们为什么能和睦相处？"后者回答："这不奇怪，你只要去外面看看就知道是怎么回事了。"随后，香火不旺的寺庙主持来到外面。

恰巧，一个和尚担水回来，结果不小心摔了一跤。另一个正在打扫厅堂的和尚看到这种情形，立刻跑过去扶起摔倒的和尚，然后说："都怨我，不该把地扫得这么光！"而另一个做事的和尚也跑过来说："都怨我，没有及时提醒你！"接着又有几个和尚纷纷跑过来，主动承担责任。看到这里，香火不旺的寺庙主持明白了一切。

从上面的故事中不难推断出，两个寺院的和尚为人处世的态度有很大不同，甚至截然相反。不同的态度决定了寺院不同的风气：一个寺院里的和尚反思，并且承担责任；另一个寺院的和尚，根据推断，应该都为了一点鸡毛蒜皮的小事而发脾气，并且总是认为是别人的错。善于反思，勇于为自己的错误负责，才能在战胜别人之前先战胜自己，处于不败之地。

想要把病看好，就必须对症下药，想要进步，就必须改正错误，而改正错误的唯一途径就是反思。反思并正视自己的错误，不要因为别人的眼光，怕别人看低自己，或是害怕承担责任，懦弱而又自我地埋怨别人，找出并弥补自己的不足，让自己变得更加强大，不再犯同样的错误，不再同一个地方摔倒。

　　爱抱怨的人，总是抱怨着生活的种种不顺，却从未去思考，去反思，很多事情其实是他们自己造成的。因为很多事情只是由于你没有用心去做，当然不会有什么好的结果，而你去承担相应的后果与责任也是应该的。

　　当你想要去抱怨和怪罪别人的时候，倒不如先从自己身上找找原因，发现自己的不足，然后加以改正，才能进步，才能不犯同类的错误，减少生活中的不顺。

每个人都有长处和短处，每个人也都有虚荣心，总是希望别人只看到自己的亮点，把自己最完美的一面展现给别人，希望获得在乎的人更多的关注。要想有所成就，就必须依靠别人的帮助，凡是成大业者，一定有很好的人缘，有几个生死追随的兄弟。所以，每个人都不愿自己被拆台，将自己的缺点完全地暴露在别人的目光之下。而当这种事情发生之后，伤害的不仅仅是一个人，而感情上的伤害也是无法弥补的。

千万别做拆台的"小人"

人受到外部的强大压力刺激，很容易做出过激行为，其中最典型的就是报复。比如，受到委屈的时候，为了宣泄内心的郁闷，往往干脆给对方拆台，通过这种直接的方式表达不满。一个人如果无法克制这种破坏欲望，自然会招惹麻烦。

一个篱笆三个桩，一个好汉三个帮，要想有所成就，就必须依靠别人的帮助，凡是成大业者，一定有很好的人缘，有几个生死追随的兄弟。想要有一个好的人缘，就必须同他人打交道，从而建立比较深厚的关系，而这需要长期的去维持，在这个过程中，有一点是大忌：就是拆台。当拆台的事情发生之后，两个人都会受到伤害，而感情上的伤害也是无法弥补的。说白了，你一旦拆了别人的台，别人从此就会把你看扁了，再也不会正眼瞧你了。

佳明总是被隔壁的张亮欺负。这样的事情发生了几次，佳明的爸爸就不高兴了:"他再欺负你,你就反击!要有男孩子的样儿!"这一天,张亮又来抢佳明的皮球,结果两个人打了起来。

回到家以后,佳明的衣服被扯破了。看到孩子打架了,佳明被妈妈狠狠地骂了一顿:"小孩子怎么能打架呢?千万别听你爸爸瞎说,他在单位还经常被欺负呢!"佳明望着爸爸,只见爸爸苦笑了一下,躲到走廊里去抽烟了。

这件事发生以后,爸爸变得更沉默实际上,这样被妻子拆台已经不是第一次了。妻子不问青红皂白,直接将自己置于尴尬境地,让人无奈又无助。

还有一次,妈妈下班回到家,看到父子俩人在聊天。这时,佳明问起爸爸和妈妈为什么结婚的时候,爸爸说:"当年你妈是系花,而你老爸我也是一个大帅哥,妈妈仰慕我的才华,所以……"还没等爸爸说完,妈妈立刻插话进来:"胡说,我仰慕你的才华?你别在这里脸上贴金了。想当初,不知道是谁像个傻子似的天天跟着我……"

听到这里,爸爸再也忍无可忍了,摔门而出。第二天,爸爸将一份离婚协议书放在了妈妈面前。在我们身边,有很多东西都可以弥补,花谢了还会重开,但是一旦感情上有了裂缝,想破镜重圆就不那么容易了。更何况拆别人台这种伤人心的事情,怎么能让人释怀呢?

生活中,不能拆别人的台,在工作中更加不能。同事之间由于工作关系而走在一起,就要有集体意识,以大局为重,形成利益共同体。特别是在与外单位人接触时,要形成"团队形象"观念,多补台少拆台,不要为自身小利而害集体大利,最好"家丑不外扬"。况且总是拆同事的台,不仅影响同事的外在形象,长久下去,对自身形象也不利。

人事部最近新来了一位经理,工作上很有一套,不但态度认真负责,而且业绩突飞猛进。然而很快有一条小道消息传开了:人事部经理是某董事的亲戚,如果按照资历他根本不可能坐上现在的位置上。原来,这是业务部王某不经意间对人事部的一位秘书透露的。

周围的同事都知道了这个消息,但是那位新经理却浑然不知。还好,他仍然像往常一样工作,只是觉察到下属的态度似乎有所改变。比如,以前下属总是热情地主动打招呼,而现在却老远就躲开了。而同级别的一些部门负责人,在工作中干脆故意挑事,言辞之间颇有几分不敬。

随后,这种情形影响到了工作的开展。以前,他每次下达一项命令,总能得到很好地贯彻执行,但是现在经常发生"阳奉阳违"的情形,以至于工作无法按时完成,或者质量上大打折扣。最后,这位人事部经理开始留心调查,终于明白了其中的原委。

没有不透风的墙,他很快知道这件事出自业务部王某的口,于是向上级汇报了这些情况。因为造谣生事,加上业绩不佳,王某被解雇了。

在工作中,当你拆别人的台的时候,你也就拆了自己的台,因为你们是一个集体,每一个人的利益都关系着集体的利益,反过来,集体的利益也影响着个人的利益。如果同事之间有什么问题,可以开诚布公地谈出来,而不是去相互拆台。与之相反,在外人面前我们应该补同事的台,维护集体的利益,只有这样,才能使自己获益,使集体受益。

面对竞争,面对利益,人们会直接选择最有效的方式,包括通过拆台去打击对手。但是,这种直接的恶意中伤无助于你的成长进步,最终会坏了大事。从心理上分析,拆台的人认为打击贬低了竞争对手,就是抬高了自己,就是令自己处在了有利的竞争位置上。其实,不然,很多事件告诉我们,在中伤别人的同时,你的声誉也会降低。而现在的社会,双赢才算是赢。

这个世界上,每个人都逃不出工作上的竞争、利益上的较量。但是,竞争中选择实力上的比拼,才能提升自我,赶超他人,产生良性的互动。反之,如果采取落井下石、相互拆台等做法,虽然能暂时获得愉悦,但是这种直接的破坏行径无异于你的成长进步，也会从根本上动摇你做人做事的根基。到头来，吃亏的是自己。

因此，面对比你强的那些人，请懂得克制自己，放弃不良想法，选择实力上的竞争，在学习中成长，在比拼中进步，才是王道。

似乎很多国人都有这样的心理，拆别人的台，就能使自己处于有利地位，而使别人处于不利地位似的。这种做法固然可以逞一时之快，并且直接见效，但是从根本上说，具备这种心理的人骨子里是阴暗的。以这样的心思做人做事，怎么能赢得正大光明，又如何进步呢？

当你总是拆别人台的时候，不仅最终会使自己受伤害，还总是担心别人的反拆台，倒不如光明正大的做事，坦坦荡荡竞争。因此，遇到利益之争的时候，放弃我行我素，在克制中去提升自己的才干、智慧才能正途。

进入现代社会，人们的生活节奏越来越快，生活方式也在发生着显著的变化。人与人之间的关系也变得微妙起来，有时候，一句不经意的话就可能引发一次争吵，既伤感情又伤身体。所以，在人际交往中，学会"大事化小，小事化了"是非常重要的。如果随身带着一把"放大镜"，遇到一点小摩擦就无限放大，上纲上线，结果只会给别人和自己带来更大的困扰。

不要带"放大镜"出门

在生活中我们会遇到很多烦恼和困扰，如果我们在烦恼的上面加一把"放大镜"，结果只会让自己陷入更大的困扰当中。所以，当我们遇到烦恼的时候，应该就事情本身来思考，而不要给它加上一些联系不大甚至毫无关系的细节。因为时间是不会停止的，错误的决定一旦做出来，是没有后悔药可以挽救的。

有一位老妇人，她每天都会数一下自己筐里的鸡蛋还剩多少。一天，她发现自己的鸡蛋少了一个。于是，她又数了一遍，结果发现确实是这样。因为这一只鸡蛋，这位老妇人竟然伤心了好几天。

她的邻居很不理解，就过来劝她说："不过是一个鸡蛋嘛，不至于这么生气啊。"没想到，这位老妇人非常难过地对邻居说："我丢了一个养鸡场！"邻居听了，非常纳闷，就问到："你不是丢了一个鸡蛋吗？怎么会是养鸡场呢？"老妇人回答说："我丢的是一个鸡蛋，可是这个鸡蛋可以孵出小鸡来，一只小鸡长大了，还会下很多鸡蛋，这些鸡蛋里的小鸡全都孵出来以后，我就可以办一个养鸡场了！"

丢了一个鸡蛋，本来是一件微不足道的小事，可是在这位老妇人心里，却变成了一个关系到养鸡场的大事。就是因为，这位老妇人在看待这件事的时候，用了"放大镜"。让自己的情绪完全被一点小事给控制住了。

其实，换个角度想想，"幸好我丢的是一个鸡蛋，而不是更多的鸡蛋。"这样，就会让我们的心情变得愉快。在生活中，要想远离烦恼，就要学会"不在意"的生活态度。这种不在意，不是指碌碌无为地混日子，而是说，不要为了一点小事就大吵大闹，或者因为一次失误就无限放大自己的损失。更不要像林黛玉一样，无端猜疑别人，夸大事实，那样，只会让自己的负担越来越重。

在漫长的一生中，每个人都会经历病痛、孤独和绝望，当这些事情和情绪向自己奔涌过来的时候，我们应该做的就是冷静面对，不无端放大。如果我们抓着一件小事不放手，一直用它来折磨自己，那么我们的生活也会变成灰白色，看不到美好的未来。也许别人只是一句无心的问候，或者是一次不小心的碰撞，只要能够放开心胸，去包容别人，事情就会变得很容易。这样，不仅会让别人感到温暖，也会减轻自己的心理压力，不至于因小失大，造成不可挽回的后果。不管我们有什么理由，抓着过去的或者已经发生的小事不放都是不对的。

海纳百川，有容乃大。学会放下，既是善待别人，也是善待自己。从暂时的小矛盾中走出来，你就会发现，生活中值得我们快乐的事情还有很多。而那些烦恼，忧愁就像是毒素，在侵蚀着我们的身体，毒害着我们的血液。如果不及时清除，只会给我们带来更大的健康问题，甚至会危及到我们的生命。

而清除毒素的一种极其重要的方法，就是学会放下，放下那些不愉快，放下自己的焦虑，放下那些无关的担忧，只有这样，我们才能顺利地走出困境，减轻心理负担，为生活重新找到快乐。当你真正做到了这一点的时候，你就会发现眼界开阔了许多，并且自己也会变得更加乐观和幽默，性格也散发出了迷人的魅力。

我们清除烦恼毒素的一个重要的方法，就是学会放下，放下那些不愉快，放下自己的焦虑，放下那些无关的担忧，只有这样，我们才能顺利地走出困境，减轻心理负担，为生活重新找到快乐。

中国古人写过这样一副对联："宠辱不惊，闲看庭前花开花落；去留无意，漫随天外云卷云舒。"生命是有限的，那些小肚鸡肠的人，总是把这有限的时间浪费在争吵和争斗上，这样自己怎么会生活得快乐呢？所以，不论是在工作中，还是在生活中，都要培养起自己大海一般的胸怀，用豁达的态度来笑看生活中的遭遇。

多一些磅礴大气，少一些小肚鸡肠

生活就像是一个五味瓶，酸甜苦辣皆有。每个人的一生中，不可能总是一帆风顺，也会遇到挫折，遇到失败。在面对苦日子的时候，如果能够多一点磅礴大气，少一些小肚鸡肠，不仅能够战胜眼前的困难，往往还会得到意想不到的效果。

刘国伟经营着一家砖厂，本来工厂的生意很好。可是由于一位新的竞争者的出现，导致产品出现了积压状况。刘国伟打听到，竞争对手在市场上散布谣言，说他的产品质量有问题，在销售中以次充好，欺骗顾客。这使得刘国伟的工厂声誉扫地。面对这种情形，刘国伟多次对自己的好朋友说："如果可以的话，我真想用一块砖打得他脑袋开花。"这位朋友看到了刘国伟心中的愤怒，便劝说道："人生在世，不如意的事情十有八九。你又何必这样小肚鸡肠呢？如果你能够用一个包容的态度来看待这件事，一定会得到不同的效果。"

正好，刘国伟在安排自己的业务时，发现有一位顾客正要订购一批建筑用砖。可是，自己厂子生产的砖和顾客所要求的型号不一致。刘国伟想到，竞争对手那里的砖应该会符合这位顾客的要求。想到这里，刘国伟有些犹豫，"对方肯定还不知道这个消息。那我要不要告诉他呢？"想到了朋友的劝告，刘国伟给竞争对手打了一个电话，把这单生意介绍给了他。电话里，那位对手一句话也说不出来，刘国伟知道，那是感到羞愧的表现。从这以后，市场上的谣言渐渐地消失了，而且自己厂子的生意还多了起来。

原来，是那位竞争对手把自己的一些生意给了刘国伟的工厂。这样一来，本来是对手的两个人，变成了商场上的伙伴，生活中的朋友。之所以能够取得这样的好结果，原因就在于刘国伟听从了朋友的劝告，打开了心胸，用包容的态度去面对自己的竞争对手。不仅成功地解决了矛盾，还交到了一个新朋友。

可见，在遇到困难时，能够多想一想，用宽大的心胸去包容别人，不仅是给别人留下了余地，也是给自己创造了新的机会。所以，不论是在工作中，还是在生活中，都要培养起自己大海一般的胸怀，用豁达的态度来笑看生活中的遭遇。

菲尔德是美国一位著名的实业家。他在19世纪中叶的时候，利用海底地缆成功地把欧洲和美洲两个大陆连接起来，这在人类史上还是第一次。很快，所有杂志、报纸、电视台等都在介绍菲尔德的功劳。各地都在请他做演讲，走到哪里都是被鲜花和掌声包围。一时间，菲尔德成了一位风云人物。可是，没过多久，海底地缆就出了问题。因为一些技术原因，造成电缆的信号发生了中断。这时，他的那些追随者们马上改变了态度，从称赞不断转变为苛刻的批评。不仅指责菲尔德是个大骗子，还说他这样做只是为了满足个人的私欲，那些反对的人还联合起来，要求菲尔德赔偿大家的损失。

面对这样天翻地覆的变化，菲尔德并没有因此变得消沉郁闷。相反，他认真研究技术，及时地解决了问题。不仅如此，他还用天空一样的心胸去包容他人。面对别人的误解和指责，他一笑了之。经过了这件事，菲尔德不仅成功地化解了矛盾，还赢得了更多人的尊重和支持。当欧美大陆的信息大桥真正建成时，所有人都在真心地为菲尔德庆贺。试想，如果在海底电缆信息中断时，菲尔德因为大家的指责而斤斤计较，不是专心研究技术，而是去和那些人理论。那么，欧美大陆信息大桥的建成时间，可能会推迟好几年。正是因为菲尔德开阔的胸襟，才使他能够在大家的误解中，找到自己正确的方向。不仅实现了自己的梦想，也赢得了别人的尊重。

每个人的生活中，都会遇到成功和失败。当我们成功时，不应该骄傲自满，目中无人；当我们失败时，也不可以一蹶不振，自暴自弃。要学会用一种乐观的、大气的态度去面对生活中的各种问题，只有这样，才能在经历不如意时，找到自己的定位，成功突破自己。面对挫折与困难，宠辱不惊、一笑而过是一种生活态度，更是一种处世智慧。

诗人徐志摩曾说道："我将于茫茫人海中，寻访我唯一灵魂之伴侣，得之，我幸；不得，我命。"爱情如此，生活更是这样，只有用坦荡的胸怀去看世界，世界才会变得更辽阔，自己的道路也才会越走越宽。在别人误解自己时，选择宽容对待，并不是胆小怕事的表现。宽容，体现出了一个人的度量和修养。"将军额前能跑马、宰相肚里可撑船"，说的就是这个道理。

要明白，生命是有限的，不要将时间浪费着这些无意义的争吵中，那样不仅会破坏了自己的人际交往，还会毁掉自己的生活。

宽容，不是一种无节制的纵容，而是将心比心的理解和体谅。做到了这一点，才能够真正站在对方的角度去想问题，才不会在遇到一些鸡毛蒜皮的小事时斤斤计较，影响自己正常的生活。

宽容让人心情开朗，一个懂得谅解的人，必定有一个乐观的、积极的生活态度。这种态度，不仅会帮助我们发现更多的乐趣，还能够为我们带来更多的朋友，从而形成一个良性循环。相反，如果对别人的错误耿耿于怀、永远不去原谅别人，不仅会让别人有压力，也会让自己的内心感到非常痛苦。久而久之，还会影响到身体的健康状况。

不要抓住对方的一次失误不放

如果有人问道，人与人之间为什么总会发生一些不愉快的矛盾呢？答案很可能就是，很多人会把那些难以释怀的失误放在心里，挥之不去。其实，只要心胸宽大，积极乐观，就能够在生活中发现乐趣，不会让自己的心背负太重的包袱。

最重要的，就是要学会放下，不要总抓着别人一次错误不放，那样，自己的生活中永远也不会看到阳光。在这方面，伟大的发明家爱迪生就曾经做出过很好的榜样。

当时，爱迪生和他的助手连续工作了好几天，终于制作出一个成功的灯泡。爱迪生便派他的一个学徒将这个灯泡送到实验室去。由于这个学徒很年轻，还缺乏一定的工作经验。所以他一接到这个任务，心里就十分紧张，生怕把这个灯泡弄坏了。越是这样想，结果越容易出差错。刚接过灯泡，这位学徒的双手就抖个不停，结果，没走几步，灯泡就被掉到地上摔碎了。大家都看着爱迪生，以为他会严厉地批评这名学徒。没想到，爱迪生只是让这名学徒把地上打扫干净，别的什么也没说。

又过了几天，爱迪生又重新制作出了一个灯泡。令大家没想到的是，爱迪生还是选择那名学徒去送灯泡。他的助理很不理解地问道："上次的灯泡就是被他打碎的，你怎么还让他送灯泡呢？你能够原谅他就已经很不错了，何必再让他执行这次任务了。万一灯泡又打碎了，我们岂不是白忙一场？"听了这话，爱迪生笑着说："没错，上次的事情，这名学徒的确做得不太好，而且我也真的原谅他了。可是，原谅一个人，不是说说就足够了，我们还需要做出实际行动来，让他知道我们真的没有把那次失误放在心上，这样，他才能够轻松地完成接下来的任务。"果然，这次的灯泡被安然无恙地送到了实验室。

那些在生活中斤斤计较，抓住别人的小辫子就不放的人，真应该好好地向爱迪生学习。他之所以能够成为一名伟大的发明家，也是和他宽广的胸襟、豁达的生活态度是分不开的。宽容能够让人们在紧张的生活中放松身心，重新找回自信。

人们都喜欢和豁达的人交朋友，原因就在于他们能够放下别人的过错，重新找回生活的乐趣。而不是把自己捆在一个小圈子里，变得越来越愤世嫉俗、咄咄逼人。

张奶奶是一位年近70的老妈妈。这一年，恰好是她和她老伴儿结婚50周年的纪念日。不仅来了很多亲戚朋友，还有很多刚结婚不久的年轻人也来向他们表示祝贺，同时也希望能够得到一点关于婚姻幸福的秘诀。

当张奶奶站起来发言时，所有人都安静下来，只听见张奶奶说道："和我丈夫结婚第一天开始，我就给自己定下了个规矩。那就是，我为他准备了十条错误，每当他犯了这十条中的任何一条时，我都会对自己说，没关系，原谅他吧,这正好是那十条错误当中的一条。"

听了这话,很多女士问道,"那么这十条错误究竟是哪些呢?"张奶奶笑了笑,说道:"实话实说吧,我并没有具体地想过这些错误是哪些。只是在他犯了错的时候,我就会自动地把这次错误算在那十条里面。"

婚姻生活中,夫妻二人免不了要吵架斗嘴,想要在婚姻这条道路上走得长远,就要学会彼此原谅。当其中一方做了错事的时候,另一方如果能用一种宽容的态度来看待这件事,两人之间的矛盾就能够得到很好的解决。反之,两个人只会吵得越来越厉害,甚至会让这段婚姻走向尽头。

其实,不仅仅婚姻生活是这样,工作中,同学之间,同事之间也都是这个道理。学会互相体谅,用一颗宽容的心来对待别人,不仅是给别人一个改正的机会,同时也是锻炼了自己的包容之心。

美国著名的成功学家卡耐基曾经在他的书中这样写道:通过对那些成功人士的调查,我们发现,这些成功人士都有一个共同的特点,就是和他人保持着良好的人际关系。宽广的心胸,让他们能够结交到更多的朋友,这一点,在事业的发展中尤为重要。

其实,不管是腰缠万贯的企业家,还是普通的老百姓,都需要有一个健康的生活心态。在别人做了错事的时候,用一个微笑、一句简单的话语,来熄灭那愤怒的小火苗,不至于让它愈燃愈烈,最后害人害己,得不偿失。

人非圣贤,孰能无过?知错能改,善莫大焉。每个人都有犯错误的时候,只要能够真心改正,就没必要紧抓着这一次的错误不放。争得面红耳赤,让别人下不来台,不仅会伤害到别人的自尊,也损害了自己的形象。如果大家都能够站在对方的角度去思考问题,那么这个社会上就会少一些争吵、少一点纠纷。

所以,要想保持内心的平和与安宁,让生活充满快乐的色彩,就要记住

"得饶人处且饶人"的道理。

　　每个人都有犯错误的时候，只要能够真心改正，就没必要紧抓着这一次的错误不放。争得面红耳赤，让别人下不来台，不仅会伤害到别人的自尊，也损害了自己的形象。

懂得忍让不抱怨：
以退为进，
不张扬的个性更从容

一个人有了适度的忍耐之后，
自然可以在痛定思痛之后抓住机会、
创造机会突破眼前的困局，
最终走出一片新天地。

一位导师曾说："人不应该示强，而应该示弱，这才是最高的做人境界。"在处世的时候，年轻人偶尔的示弱并不会被对方当成无能的表现。或许，你可能很强，但是你也要懂得在适当的时候隐藏自己的光芒，向众人"示弱"。因为只有激发对方的同情，唤醒对方的恻隐之心，使对方在感情上与你靠近，才能产生共鸣。

学会示弱，人人具有同情弱者的天性

静下心来细想，你会发现，人很多时候都要学会示弱，学会弯腰。可话又说回来，要懂得适时弯腰，学会恰到好处的示弱，还真不是一件容易的事，一切就看你怎么想，怎么做，怎么拿捏分寸了。

映寒和白梅是一个公司的两个白领，虽然两人年龄相当，但是她们在公司的受欢迎程度却是大大不同。平时白梅非常注重自己的职场形象，在公众场合绝对不哭，即便是工作上受到上司批评，也是一副坚强的姿态，是典型的"战士型"，这样的女人通常是天生的铁娘子铁蝴蝶。白梅一直很满意自己能够像男人那样去战斗，上司敬重她，下属害怕她。不过她也常常因为自己不服输的个性，遇到事情不肯向别人低头求助，时常弄得自己身心疲惫。

而映寒则不一样，虽然她的能力和白梅不相上下，但她从不表现出自己很"强"的样子，做什么决定总是和大家一起商量着来，有时为了鼓励失败的下属，还会将自己以前的失败经历告诉他们，并且让他们不要泄气。有困难的时候，会委婉地向对方说，总会有很多人在她身边帮助她。

如果说白梅是火的话，映寒就像水，火可以熊熊地燃烧，但却让人不敢靠近。水则可以抚平一切，却让人觉得至柔至美。

初入社会后，当你碰到了有实力的强者，而且他的实力明显高于你，那么你不必为了面子或意气而与他争强。因为一旦硬碰硬，固然也有可能战胜对方，但毁了自己的可能性也很大。

古语道："天下之至柔，驰骋天下之志坚。"示弱其实是一个人最坚强的表现。特别是在你希望得到别人帮助的时候，更应该试着去低头，主动向别人展示自己的弱点，这样才能以此来拉近和大家的距离。但是同样的，要切忌不要让人觉得你太强势，难以靠近。

很多过来人都说，善于低头的人才是最聪明的人。越是强悍的人，示弱的威力就越大。表面能示弱，包含了一个人的人品、道德、心胸和修养。示强或者示弱，其实可以衡量出一个人的文化素质和为人处事方法，理智还是糊涂，清醒还是自私，以及解决问题的能力大小。同时，示弱是一种智慧的显现，它不是妥协，而是一种理智的忍让。也不是倒下，而是为了更好、更坚定的站立。

一般来说，人性丛林里没有绝对的强与弱，只有相对的；也没有永远的强与弱，只有一时的。因此强者与弱者，最好维持一种平衡、均势的关系。只要你愿意，也不论你是弱者或强者，"承认短处，暴露弱点"只是其中一个智慧的处世策略罢了。

例如：有些地位高的人在地位低的人面前，不妨展示自己经验有限、知识能力不足等方面的弱点；成功者则不妨多说说自己失败的纪录；某些专业上有一技之长的人，最好承认自己在其他领域上的不足。至于那些因偶然机遇获得成功的人，则更应宣示自己的幸运。

有一句话叫"退后一步天地宽"。年轻人在碰到一些麻烦时，比如工作中的困难，上级的误解，同事之间的竞争，同学、朋友之间产生的误会，甚至偶然在街上逛街、逛商店等等一些不经意间的矛盾发生时，都可以"退后一步"去思考，学会示弱，那么任何事情都会迎刃而解。

"拿得起，放得下"，是人生的一种大智慧，对于年轻人来说，做人处事要知道适时示弱，才能成为最大的赢家，才能在人生路上一步步通向成功。

20几岁的年轻人，如果有意暴露自己某些方面的弱点，有时候也是一种有益的处世之道。当你学会放低位置、降低姿态，让弱者获得充分的人格尊重，那么同样的，别人也会用尊重的目光来看待你。

一个人如果没有忍耐的功夫，就无法承受当下的磨难，无法从眼下的矛盾中生存。忍耐一时，求得暂时的平静，各方利益才能找到平衡，达成默契。直性子的人忍耐力极差，他们不会践行肩头的责任，所以总是冲动而为，无法担当重任。

忍一时风平浪静

常言道，忍字头上一把刀，所以能够在关键时刻忍住怒气、怨气，而不去冲动胡来，不是常人能够做到的。生活充满了挑战与艰辛，许多时候你不得不忍，因为直接的冲动和愤怒会把你带入万劫不复的境地，招致祸患。只有选择暂时的忍耐，才能成功逃过祸患。

某县法院有过这样一个案例。何某因犯故意伤害罪被一审判处拘役5个月。原来，他因琐事与邻居王某发生了激烈的争吵，后来双方大打出手。在厮打过程中，何某扇了王某一巴掌，结果导致王某左耳膜穿孔。后来，法医的鉴定结果显示，王某的伤情并无大碍，是轻伤。就这样，何某被公安机关刑事拘留。根据判决，何某赔偿王某各项经济损失6800元，并拘役5个月。

因为一时冲动，何某自食恶果。如果他能够三思而后行，想想后果，压制住自己的愤怒，以理服人，肯定不会酿成这样的后果。由此看来，一个人在生活中确实要忍耐为上，不能受了一点委屈就直接冲动而为。懂得忍让的人，能够做到忍耐、谦让，所以总能保持平和的关系，实现善终的目标。

一般来说，社交过程中如果产生什么矛盾的话，双方可能都有责任。不过,对当事人来说,如果能主动"礼让三分",多从自己身上找原因,那么自然让往日的误解云消雾散,实现和睦相处的愿望。

有一次上课的时候,数学老师给大家安排了作业,于是同学们认真写起来。王亮正在认真写,忽然被同桌碰了一下,于是纸上立刻出现了一道长长的弧线。他一下子生气了,大声说:"你怎么这样呀?我的作业本来快写完了,结果被你一碰,又要重写了。你撞我干什么呀,你是不是故意的?"同桌不是故意的,本来就很内疚,于是连忙说:"对不起,对不起,我不是故意的。对不起。"听到这里,王亮只好气呼呼地开始重写。一边写着,王亮的心里还在埋怨同桌。谁知,一不小心碰到了同桌。当时,王亮一下子愣住了。"这下可糟了,同桌肯定要变本加厉地跟我吵架了。"出乎意料,同桌并没有大加申斥,即使当王亮道歉时,对方也只是说没关系。这时候,王亮内疚极了。他觉得自己开始不应该发火,如果自己做到忍让就好了。

经验表明,忍让是处世的良策,是构建和谐关系的保证。通常,只要不是什么原则问题,最好做到能忍则忍。尤其适合在日常工作中,"小不忍则乱大谋"。如果不能忍耐一时,那么冲动就会带着你闯祸,日后只有悔恨的机会。说得通俗一点,"忍让"就是让时间、让事实来表白自己,从而规避无谓的争吵和勾心斗角。

忍让,就是退一步,但忍让并不是懦弱可欺,正相反,它更需具备自信和坚韧的品格,它是一种生活的智慧。聪明的人总是尽可能地迁就对方,这看似懦弱的举动其实正是生存的方法。既能让你避免耿耿于怀地自我折磨,又能让你维持健康的人际关系,甚至,在有些时候,忍让还会使你避开一些祸患。

明朝正德年间,朱宸濠起兵反抗朝廷。当时,王阳明率兵征伐,一举擒获了朱宸濠,为朝廷立了大功。此刻,江彬是正德皇帝宠信的大臣,对王阳明十分嫉妒。为了打击王阳明,江彬派人四处散布流言:"最初王阳明和朱宸濠是同党，后来听说朝廷派兵征伐，才抓住朱宸濠自我解脱。"

听到这个消息之后，王阳明就对总督张永商说："如果退让一步，把擒获朱宸濠的功劳让出去，就可以避免不必要的麻烦。假如坚持下去，不作妥协，江彬等人很可能狗急跳墙，做出伤天害理的勾当。"两个人商定以后，王阳明就把朱宸濠交给张永，使之重新报告皇帝：擒获了朱宸濠，其实是总督军门和士兵的功劳。这样一来，江彬等人也就无话可说了，而王阳明就巧妙地规避了杀身之祸。

后来，王阳明称病到净慈寺修养，而张永回到朝廷后，大力称颂王阳明的忠诚和让功避祸的良苦用心。至此，正德皇帝终于明白了事情的来龙去脉，于是对王阳明另眼相看。

人只要活着，就不可避免地受到一些有意无意的伤害。对此，没有人可以逃脱。因此，面对危险的复杂环境，面对随时可能飞来的祸端，你怎能在与人相处中去争那些不必要的东西？尤其是发生矛盾和误解的时候，懂得忍耐一时，恰恰可以规避祸端，让自己安全栖身，求得自保。

在职场中，面对利益的诱惑，面对复杂的人际关系，我们更应该懂得忍让。忍让，看似软弱，实则也是一种策略，寻求了一时的平静，却为自己带来了极大的益处。

业务科长王俊才的经历就是一个忍能补拙的例证。王科长任业务部门主管已经三年了，这一天上面派来了一名新主任。这个人也是老业务员了，虽然文化水平不高，但是工作认真、态度积极，最重要的是业绩出众。不过，这个人也有缺点，喜欢挑毛病。比如，对于那些作出业绩的人，他看在眼里，却忘在脑后。而看到有人迟到、早退，他却牢牢记在心上，并随时给那些违规者施以颜色。尤其是对业务科的工作，他挑毛病如同家常便饭，看到谁犯错就毫不客气地批评一顿。

面对蛮不讲理的新主任，王科长既没有当面冲撞，也没有刻意去巴结。日常工作中，王科长主要负责定出工作程序，然后交给新主任过目，再交给下面的人去执行。此外，他还注意做好系统记录，以便主任翻阅。这样有效地安排工作，既减少了与新主任的磨擦，也让工作变得更加轻松。不过，矛盾依然难以避免。有几次，王科长被主任严厉批评，但他努力控制住自己的情绪，没有做出冲动的事情。而且，他忍受住这种责难，并拒绝把这种不良情绪带到工作中去。

对于这些，新主任看在眼里，记在心上。不久，新主任要提名一名副主任，自然他选择了王科长。就这样，久在职场打拼的王科长凭借自己的辛勤耕耘得到了职位晋升。而这一切，都离不开他多年的隐忍。

无论官场、职场，还是商场，都涉及到利益的纷争。期间，你要承受来自方方面面的压力，只有忍耐住，不有着性子胡来，自然可以在累积经验中成长，获得发展的良机。越往上去，越要斗智斗勇，大凡在职场江湖上混出来的人，都有一个优点——能忍。只有忍，才能沉静下来修身养性，规避暂时的纠葛，从而在某一天顺势而为，成就非凡的自己。

其实，任何人之间的事儿要想多小就有多小，要想多大就有多大，忍一时风平浪静，退一步海阔天空。一受刺激就不能忍耐的人，不容易在有生之年成就一番事业，很难有大的作为。所以，在日常的日子里修炼自己的忍耐之心，是获胜的关键。

冲动是魔鬼，这就要求我们要懂得调控情绪，不由着性子胡来；同时，要学会宽容，这是一种隐忍的策略，目的是维持眼下的大局，日后再从长计议。

想在事业上有所建树，你不懂得忍耐，不善于去经营，很难有发展机会。相反，那些忍耐一时，并注重大局观的人，会在忍耐中修炼自己，从而戒除了冲动、率性而为的缺点，赢得了担当重任的机会。

委屈求全，方可避祸，这是亘古不变的真理。富有的人欺压贫穷的人，为官得势的人欺侮无官失势的人，有力气的人欺侮没力气的人，凶狠之徒欺侮弱小的人……这是人世间的常情、人的通病。面对外来的欺压，通过反抗求得平安固然很好，但是，当我们力量不足、实力弱小时，委曲求全就很有必要了。特别是当对手异常强大、环境凶险时，忍耐是保全自己、避开祸端的唯一途径。

为了避祸要委曲求全

社会关系错综复杂，人际矛盾无处不在，在有限的生命里，我们总会遭受来自外界的各种祸端。祸患发生了，如果生命受到威胁、利益受到损害，就要及时想出对策，找到规避的方法，把损失降到最低。为了避祸要委曲求全，而不是求一时之勇，逞一时之能，自然容易求得完满的结局。

这一天，狮子带着9只野狗跟自己一起猎食。它们跑了一整天，最后逮了10只羚羊。狮子说："现在必须找一个公正英明的人，帮我们分配这顿美餐。"听到这里，一只野狗说："一对一就很公平。"狮子非常生气，立即把它打昏在地。其它野狗都吓坏了，不知道该怎么办。最后，其中一只野狗鼓起勇气说："您别生气，是我的兄弟说错了，如果我们给您9只羚羊，那您和羚羊加起来就是10只，而我们加上一只羚羊也是10只，这样我们就都是10只了。"

接着，狮子露出了满意的笑容："你是怎么想出这个分配妙法的？"野狗这样回答:"当您冲向我的兄弟,把它打昏时,我就立刻增长了这点儿智慧。"猛一看,好像野狗吃亏了。但是如果没有委屈自己这个前提,也许剩下的8只野狗都会倒下。

做人应当懂得,为了避祸必须委曲求全。看到危险就在眼前,仍然逆势而行的人,是要遭殃的。危局面前,没有人可以扭转形势,那么选择委曲求全就是最佳的策略。那些逆势而动的人,根本没有东山再起的机会,所以从做出选择的那一刻就已经输了。

在灾祸面前示弱,甚至是委屈自己,不是无能的表现,而是求生的策略。只有保留实力,日后才能卷土重来,创造出曾经失去的一切。如果连这笔账都算不出来,那么当事人就无可救药了。忍耐的功夫大小,决定了一个人成就的多少。道理正在于此处。

印度一位小男孩在野外不小心被毒蛇咬了一口,生命受到威胁。这时候,身边没有任何可利用的急救药品,怎么办呢?经过快速的思索,他咬紧牙关,毫不犹豫地挥刀砍掉了受伤的脚。最后,男孩少了一只脚,却保存了生命。就像壁虎断尾一样,在某些特定的情况下,暂时的委屈自己,是为了活下来,以后一切都有重头再来的机会。

"忍侮于大者无忧,忍侮于小者不败。"当我们身处劣势时,试图对抗,往往是以卵击石,不仅不能成功,还会给自己带来灾祸,倒不如暂时的委屈自己,避开一时的祸患,争取最后的胜利。

春秋战国时期,魏惠王想要找一个商鞅式的人才,实现称霸的野心。不久,庞涓求见魏惠王,陈述了自己富国强兵的构想,得到了认同,随后被拜为大将。这时候,关系的价值再次得到了印证,很快庞涓就把同学孙膑推荐给魏惠王。孙膑是齐国人,与庞涓师出同门。他才华出众,水平在庞涓之上,所以很快赢得了魏惠王的赏识,获得了更高的职位。对此,庞涓非常不满，后悔自己不该引狼入室。于是，一场阴谋暗中启动了。不久，魏惠王听庞涓陈奏，得知孙膑私通齐国，不禁大发雷霆，立刻把孙膑投进了监狱。更残忍的是，孙膑还被施以酷刑，被剜掉了两块膝盖骨，从此身体变得残缺了。至此，孙膑看清了庞涓的真面目。虽然义愤填膺，但是孙膑没有直接呐喊，也没有郁郁寡欢，而是谋划着逃离这个是非之地。随后，孙膑开始装疯卖傻。为了欺骗庞涓，他吃掉腐烂的食物，满口说着不找边际的话，其中的苦楚只有自己知道。庞涓上当以后，把孙膑从监狱里放出来，让他到大街上流浪。在接下来的日子里，孙膑仍然装疯，他知道庞涓一定在暗中监视自己，所以不敢有丝毫的懈怠。时间一长，庞涓对孙膑彻底放心了。后来，孙膑在别人的帮助下偷偷回到齐国，被田忌推荐给齐威王，并很快委以重任。此后，孙膑帮助齐军打了许多胜仗，并在马陵之战中利用"炉灶"的策略消灭了庞涓，洗雪了当年的耻辱。

身为杰出的军事家，孙膑深知忍的重要性，所以他面对命运的不公选择了忍耐一时，通过委曲求全换来了日后的自由身，并报了仇。试想一下，如果孙膑不具备忍耐的功夫，而是对庞涓大吵大闹，怎么能有日后命运的重新改写呢！

古人，"忍人之所不能忍，才能为人所不能为"。唐代大诗人白居易也曾说："孔子之忍饥，颜子之忍贫，闵子之忍寒，淮阴之忍辱，张公之忍居，娄公之忍侮；古之为圣为贤，建功树业，立身处世，未有不得力于忍也。凡遇不顺之境者其法者。"人活在这个世界上，要敢于抗争。但是，抗争不等于发生正面冲突，直接与对方你来我往。当时机不成熟，或者我方的力量弱小时，一定要采取委曲求全的方式求得自保，而后再寻找时机大展宏图。如果像直性子的人那样，血气方刚地率性而为，那么势必增添无谓的牺牲，倒不如假意应付，暂且委屈自己，毕竟来人方长。这样做，不但是大智，更是大勇。

古往今来，大丈夫能屈能伸，该低头时须低头，要懂得，刚过易折。无论是被裁员，还是家道中落，或者巨额财富蒙受损失，我们都要承受眼前的委屈，谋求东山再起的机会。如果明知眼前无法改变困局，硬要歇斯底里去争，那就不足取了。孟子说："天将降大任于斯人也，必先苦其心志，劳其筋骨，饿其体肤，空乏其身，行拂乱其所为。所以动心忍性，增益其所不能。"遭受一番苦难，忍一忍，熬过去，就可以接受天将降之大任了。

忍耐不是一件容易的事，它需要我们做到很多：面对他人的责难，善于"忍气吞声"。这能够使对方的不良情绪彻底发泄出来，然后我们就能有针对性地解释、沟通，从而达到以柔克刚的目的。

性格耿直的人无法忍受非难，所以生命力并不强大。能屈能伸，才是成大事的素养。退回去是为了再回来，为了避祸暂时委屈自己，是为了寻找机会重头再来。总之，一个人有了适度的忍耐之后，自然可以在痛定思痛之后抓住机会、创造机会突破眼前的困局，最终走出一片新天地。

忍耐是为了获得了解对方的时间，忍耐同时也给我们赢得了思考对策的时间，在人生的道路上学会忍耐，在忍耐中思考、成长、进步，终有百炼成金的那一天。

生活中，一个人不可能总是往前冲，那样太危险了。因为你不知道什么时候会冲到悬崖边上，而自己浑然不知。暂时屈就对方，其实是在隐忍中提供帮助，在成全对方的同时帮助自己。性格耿直的人喜欢发脾气，不懂得屈就别人，不懂得迂回前进。事实上，生活本来就是由柴米油盐酱醋茶，各种繁琐有事情组成的，因而免不了大大小小的摩擦，唯有懂得屈就，才能维持整个人生的和睦、共荣。

不妨对他人屈就一下

生活中不乏这样的人，他们为了一点点小事乱发脾气，根本无法承受来自外界的一点压力。这样的人意志力差，忍耐力弱，所以周围的人不指望他有什么大的作为。

其实，遇到不开心的时候，或者与人发生矛盾，必要的忍耐和屈就是不可缺少的。这体现了一个人的心胸和气度，实际上就是成大事的基本素养。能够忍耐一时，懂得屈就对方，会在很大程度上减少不必要的纷争，甚至"战争"。

性格耿直的人喜欢发脾气，不懂得迂回前进。与之相处，有两个方法，第一个是改变对方，当然，除非你有极大的影响力，否则不太现实；第二个是屈就对方，学会忍气吞声。学会忍气吞声，才能以柔克刚，这是一种做人做事的学问。

对于职场人士来说，忍耐非常重要。保持与同事良好的人际关系，并不需要凡事都要摆出一副"公事公办"的架式，相互之间事事较真儿，不苟言笑，彼此都要保持一定的距离。其实，同事之间应该搞好关系，避免"得罪人"情况的发生。在坚持原则的前提下，应随机应变，应付自如。一般说来，同事大都是年龄相当、资历相近的人，尽管脾气性格多有差异，但总有很多地方还是"谈得来"。在工作上应该求同存异，融洽关系，避免不愉快事情的发生。

当年，诸葛亮去世后任用蒋琬主持朝政。杨戏与之同朝为官，但是性格孤僻，不善言辞。日常接触的时候，蒋琬与杨戏说话，后者往往只应不答，非常没礼貌。有人看不惯这种做派，就在蒋琬面前吹风："杨戏这人对您如此怠慢，太不象话了！"听到这里，蒋琬只是淡然一笑，然后说："不用太苛求他人，每个人都有自己的脾气秉性。你们想让杨戏当面赞扬我，那不容易啊，也不是他的本性。反过来说，让他当着众人的面否定我，也很难做到。因此，他只好不做声了。其实，这正是他为人的可贵之处。"在上面的故事中，蒋琬屈就了杨戏，不仅拉近了彼此的关系，建立了信任与合作关系，还成为后世的楷模。

很多时候，你必须懂得屈就别人，这并不意味着毫无原则地妥协，而是在特定场景下的一种宽仁之心。懂得屈就他人，是一种和睦的价值追求。直性子的人只考虑自己的感受，完全不顾及他人的需求，所以没有好人缘，也难以具备成大事的视野。在坎坷的人生道路上，放不下架子屈就他人，怎能应对未来更大的挑战呢？

在美国一个市场里，有一位中国妇人的摊位生意特别好，结果很快引起其他摊贩的嫉妒。时间一长，经常有人故意把垃圾扫到她的店门口。如果换做别人，早就翻天了。但是，这个中国妇人只是宽厚的笑笑，并不去计较什么。更让人大跌眼镜的是，最后她把垃圾都清扫到自己的角落。对此，旁边卖菜的墨西哥妇人观察了她好几天，简直无法理解中国妇女的想法。于是，她忍不住问道："真是难以理解啊，你这里堆满了垃圾，显然有人故意刁难，你为什么不生气呢？"接着，中国妇人笑着说："我们那里过年的时候，都会把垃圾往家里扫，这是习惯。并且，垃圾越多就代表会赚很多的钱。你说，我怎么能拒绝这么多送钱的人呢？"不久，中国妇女门口的垃圾不再出现了。

　　面对竞争对手的"欺负"，中国妇人选择了屈就。更聪明的是，她用玩笑话去回答"竞争对手"的话。这种隐忍的做法让对手惭愧，最终捣乱的一方不占自退。再结合她的生意兴隆，自然不难理解其成功的秘诀是什么了。尤其是在生意中，懂得屈就他人，在委屈自己的同时维护对方的利益，自然容易赢得跟多人的回报。

　　在职场上打拼，赚取生活费，养活全家人，这样的人是多么幸福。为了爱人，为了家的温暖，你必须懂得吃亏，包括暂时屈就环境或他人。比如，有的上司什么都不懂，犹如门外汉，却总是负责指挥事宜。原因在于，上司掌控着大局，把握关键的环节。这时候，你要明白一个道理，即胳膊拧不过大腿。通常，只要不涉及公司利益，就尽量去屈就上司。仔细想想，一个人连职场都混不下去，又如何在更复杂的环境中有所作为呢？

　　懂得屈就，学会忍气吞声，才能以柔克刚，是一种做人做事的学问。在职场中学会屈就，和同事们多沟通，有助于建立良好的职场关系。同事之间相互理解，不为了一点点小事而争执；正视上级的批评，更要能容忍就容忍。

在人际交往中，最有杀伤力的莫过于："你错了"。此三个字一出，往往会引来对方的不快，甚至是争吵，然后是心灵的隔阂，最后彼此疏远。因为这三个字，多少朋友从此陌路，多少情人从此变为仇人。每个人都有自尊，一句"你错了"犹如将他们的自尊踩在了脚下，又怎么可能不会令对方生气呢？每个人都会犯错，所以应该学着去谅解别人，别轻易做出冲动、过火的行为，到头来受到伤害的是自己。

能够谅解别人的过错

古人很早就说过，"宁可毁人，不可毁誉"。这个规律不可否定，因为自我防卫心理、关注自我形象是人的天性。因此，在人际交往中，我们不要轻易说出"你错了"三个字，以避免相互之间不愉快甚至变成仇家。正由于如此，我们才应当树立容纳意识，选择双方皆赢，正确面对分歧，一定要容纳别人的缺点，谅解别人的过错。

胡佛是一位著名的试飞员，在航空展览中做飞行表演是家常便饭。这一天，他在圣地亚哥航空展览中表演完毕，随后飞回了洛杉矶。在空中300米的高度，突然发生了事故——两个引擎突然熄火。凭借熟练的驾驶技术，他成功操纵飞机成功着陆，但是飞机严重损坏，值得庆幸的是没有人受伤。完成迫降之后，胡佛的第一个行动是检查飞机的燃料。正如最初预料的那样，他驾驶的是第二次世界大战时的螺旋桨飞机，但是居然装着喷气式飞机燃料而不是汽油。随后，他火速赶回机场，并倾听机械师的陈述。结果，那位年轻的机械师非常懊悔，甚至有些情绪失控。胡佛朝他走过来，没有责骂他，也没有批评的话语，只是用手臂抱住机械师的肩膀，然后安慰道："我明白你的心情，但是为了表示我相信你不会再犯错误，我要你明天再为我保养飞机。"原来，年轻的机械师因为家中母亲生病而分心，结果在设计中出现了出现了失误，差点让3个人失去了生命。换做别人，一定会直接大发雷霆，把内心的不满充分发泄出来。可是，这样做于事无补，只会加重设计师的焦虑。所以，胡佛把批评替换成鼓励的话，从而造就了一个伟大的设计师。

正所谓，"金无足赤，人无完人"。每个人都会犯错，所以应该学着去谅解别人，别轻易做出冲动、过火的行为，到头来受到伤害的是自己。要知道，一个人说错话或做错事，总是有原因的，所以我们即使明知自己错了，也会强调客观原因，认为错得有理。有时，当我们犯了错误，并非没有意识到，只是顽固地不肯承认而已。

拿破仑对士兵的一次谅解，曾被传为佳话。有一次，他带领部队在一个盛产葡萄的小镇露营。晚上，一个口渴的士兵找不到水，就悄悄地来到葡萄架下，偷吃葡萄。第二天早上，葡萄园主发现葡萄被偷，断定是来此宿营的士兵干的，于是找到拿破仑："你手下人偷吃了我的葡萄，必须查出来是谁干的！"后来，拿破仑确信了是自己的士兵干的，于是，他忙赔不是，并拿出钱给葡萄园主，才让葡萄园主停止了发火。拿破仑很气愤，他想一定要严厉查办偷吃葡萄的士兵。但一想处罚一个人是小事，但会影响到全军士兵的士气，同时他又从人性化角度为那个士兵考虑，长年累月的战争，士兵们吃了很多苦头，看见诱人的葡萄能不流口水吗？这样想过后，拿破仑放弃了查办偷吃葡萄者的决定。但当天中午，那位丢失葡萄的人竟拎着满满一篮子葡萄，来到了部队驻地慰问官兵。在聊天中，葡萄园主问拿破仑："那么，你为什么不处罚那个偷吃了葡萄的士兵呢？"拿破仑回答道："眼下正是士兵出生入死的时候，他们的表现一直很优秀，如果拿一点小事去衡量一个人的功过对错，那就未免有些小题大做了。"当时，在场的人士兵无不感动，那位一直想隐瞒下的士兵，控制不住感情，勇敢地站出来，他向拿破仑行了一个军礼，说："葡萄是我因找不到水喝，一时丧失意志，偷吃的，请处罚我吧！"拿破仑见此情景拍了拍士兵的肩膀，说："我能谅解你，这一回，但以后要加强自我约束。"在以后的战争中，这位偷吃葡萄的士兵奋勇杀敌，立下了赫赫战功。正是拿破仑的谅解给了他力量，使他勇敢。

拿破仑懂得站在人性的角度去思考别人的立场，非常难得，也正是因为这一点，他懂得了谅解那位士兵的过错，相信，他的成功与他能够谅解别人有很大关系，毕竟，得民心者得天下，得军心者胜天下。

无独有偶，一位领袖也懂得谅解别人的过错，从而获得人民的爱戴，那便是周恩来。一位理发师给周恩来总理刮脸时，由于周总理咳嗽了一声，理发师不小心将他的脸刮破了，这时理发师紧张不已，以为周总理会大发雷霆。没想到，周总理却很抱歉地说："这不关你的事，要是在咳嗽之前给你打个招呼，你就不会刮破我的脸了。"这样一句暖人的安慰，我们可以从周总理身上看到可贵的品质——谅解。

谅解别人的过错，是一种爱心的表现，它可以提高我们的精神境界。用爱心来帮助他人改正过错，比责骂、教训获得更好的效果。这样做的效果不仅不会损害人际关系，而且会有利于教育影响对方，对双方都有好处，我们何乐而不为呢？

每个人都会犯错，谅解身边人所对你犯的过错，只有这样，别人才会谅解你的过错！要学好照顾别人情面，谅解与宽容他人，不仅可以拉近彼此的关系，还会给自己的成功增添更多的可能。

古人说："唯有低头，乃能出头。"暂时地放下并不是放弃，很多时候，尊重条件就是尊重生命和自己。我们没有必要因为一时的冲动而将自己置于危险之地。顺势而为，凡事不要强求速成。不去多想自己的错过和未得，而是学会理性地接受条件，然后去为自己的愿望创造可以实现的条件。

顺势而为，别让冲动害了你

逞一时之快易，忍一时之渴望难。及时行乐的人与不能让自己的欲望延迟满足的人，往往欠缺韧性和耐心。真正的成功者，其实都是坚韧且自控力强的人。《晋书·朱伺传》中说："两敌相对，惟当忍之；彼不能忍，我能忍，是以胜耳。"这里的忍，正是自控力的精神体现。

据说，在大西洋西海滩上，有两种蓝甲蟹，一种蟹是非常凶猛的，它们不知死活，一味地逞强，遇上谁都会你死我活地打斗一番；另一种蟹则是非常温和的，见到敌人，便马上翻过身子，四脚朝天，兀自装死，任由敌人摆布。经过千百年的岁月变迁后，强悍凶猛的蓝甲蟹已经成了濒危动物；而温和示弱的蓝甲蟹却越来越多了，一派生生不息的样子。

因为好斗，强悍的蓝甲蟹常常与自己的族类互相残杀，这样，它们自行消灭了很大一部分同类；又因为过于强悍，不知躲避，因而常常被天敌吃掉。而会装死的蓝甲蟹，之所以能生生不息，善于自保是最重要的原因。人类世界何尝不是如此？虽然我们总强调做人要勇敢，要有个性，但我们不必以安全为代价来争那一时之气,更不必以生命的牺牲来逞一时的蛮勇。所谓的过犹不及,即是说过于逞强和缺乏勇气是一样糟糕的。那些适时选择认输,懂得理性放弃的人,遇事忍让、心境平和、处变不惊,虽然跑得不快,但总能抵达终点。

其实,我们都知道,木秀于林,风必摧之;堆出于岸,流必湍之;小舍小得,大舍大得,不舍不得。那些不愿意及时根据形势而调整行事策略的人,不是疯子就是傻子。死在攀登路上的登山者,多半都是因不顾天气和体力等原因不肯后退而命丧黄泉的;而那些登上世界最高峰的人,并不是只会一味前进,而是懂得随时根据天气和装备状态调整进退。

有一个瑞典人名叫克洛普,以登山为生。1996年春,他骑自行车从瑞典出发,历经千辛万苦,才到了喜马拉雅山脚下,在大本营与其他12名登山者相聚。他们决定一起攀登珠穆朗玛峰。要知道,过了6000米时,生命的每一秒时间都是"借"来的,那里的氧气少得已经超过了正常人的极限,所以只有极强壮、极有经验也极有适应能力的人,才能挑战6000米以上的高峰。经过长达三个月的训练和等待,他终于等到了攀登珠峰的最佳时间,但当他好不容易爬到离最高峰不到300米的地方时,却发现继续向前就意味着没有足够的时间回营地了。

不难想象,他要爬到这个高度有多难,要重新等待一次攀登机会又得等多久。但他还是决定放弃,返身下山,毕竟安全第一。虽然这意味着前功尽弃,意味着功败垂成。但是,如果不放弃,他便无法在下午2点返回营地,虽然这时仅需45分钟就能登顶。

所以,虽然他内心挣扎了很久,但还是决定不超过安全返回的时限,然而,同行的另外12名登山者却舍不得前功尽弃——攀登珠峰的合适时间,一年可能只有一两次。虽然时间不够了,他们仍然决定继续向上攀登,他们中的大多数人都到达了顶峰，但可惜的是，他们都错过了安全返回的时间，最终，都葬身于暴风骤雪中了。而克洛普，则在稍后的第二次征服中，轻松登上了峰顶，并且安全下了山。

顺势而为，凡事不要强求速成。不去多想自己的错过和未得，而是学会理性地接受条件，然后才能去为自己的愿望创造可以实现的条件。

木秀于林，风必摧之；堆出于岸，流必湍之；小舍小得，大舍大得，不舍不得。我们没有必要因为一时的冲动而将自己置于危险之地。暂时地放下并不是放弃，很多时候，尊重条件就是尊重生命和自己。

跳出自我的小圈子：改变以自我为中心的性格弱点

——————

直性子只知道前进，

不懂得后退。

他们只感受到前进的快感，

而无法体会到退却后的闲庭信步。

俗话说，"机遇总是给有准备的人"，但是当机遇来临的时候你也要有足够的勇气接纳他抓住他。上帝给每个人表现的机会都是有限的，当你有机会表现自己优势表明自己见解的时候，一定要勇敢站出来，该出手时就出手。生活不是一场彩排，所有的事都不能重头再来。当机遇来临的时候，你可能不会立刻就做出那个让自己最满意最放心的决定，但是如果你一味的忧郁、茫然、不知所措，那结果一定是最你最不满意最不放心的。

该出手时一定要表明立场

"机遇总是给有准备的人"，当机遇来临的时候，你要懂得该出手时就出手。因为机遇在人的一生中不仅是有限的，更是短暂和转瞬即逝的，当你还在犹豫该做什么抉择的时候，结果已经出来了。机遇不等人，所以我们一定要学会果断的做出抉择，该出手时就出手。

狄斯累利说："人生成功的秘诀是当好机会来临时，立刻抓住它。"的确，一个人如果不懂得抓住机遇，那么他很难取得成功。在经济高速发展的今天更是如此，随着日益增距的人口规模，就业竞争越来越激烈，对于刚刚走出校园和刚刚踏入社会的青年来说，这无疑是一个巨大的考验。

以前，"我们总说酒香不怕巷子深"，意思是说只要有真本领真本事总会被发现的，就像是金子总会发光一样，而今天则不一样了，酒香也怕巷子深，因为如今有能力又实力的人太多了，如果你不抓紧机会表现自己，别人就会夺走你的机会，占领你的地位。

小李和小王就是在抓住机遇方面的两个典型实事例。小李和小王毕业与同一所大学，学习成绩也不相上下，在校期间两人常常并列年级第一。在社团活动中也都表现的十分积极踊跃，才艺方面更是一个能歌一个善舞不分伯仲。但两人唯一的不同就是一个内向一个外向，一个善于表达自己的见解，一个时刻等待别人发现自己。

小李就是那个处于被动地位，时刻等待别人发掘自己但从来不主动表现的人，而小张的性格偏于外向，善于将自己的想法以恰当的方式表达出来，无论对错，总是善于将自己的观想传达给别人。

毕业后两人一同去一家外企应聘，公司经理对两人的能力思想都非常满意，破格录取了两人，并给他们分配了同等级别的职位。然而，几年后他们的职位却有了十分大的差距。

小张因为善于表现自己的观点的缘故，总是在公司会议上大胆提出自己的想法，有时也会遭到其他人的反对，但这其中不乏一些有见地有思想的观点，因此很受经理和老板的赏识，很快升得了部门经理的职位。

而小李则还像学生时代那样，心里虽然有想法但从不主动表达自己，时刻等待别人来挖掘自己发现自己。一开始，经理也会时不时的询问一下小李的想法，后来，小张的见解和意见越来越成熟，即满足了为公司解约资金的条件，又迎合了老板的风格口味。因此，经理越来越少地询问小李的想法，而他也没有抓住每一次发言的机遇表现自己，所以最后的结果是，小张连升几级，而小李依旧在原来的职位上"按兵不动"。

这就是有两个能力相当的人所换来的不同"下场"。小李的能力丝毫不亚于小张，但就是以为他不善于表达，没有抓住机遇表明自己的思想和立场，所以被小张抢了先机，获得了老板的赏识，赢得比他更好的前程。

世界最了解自己的人还是自己，最把自己放在心上的人也是自己。只有自己才是自己的知音和伯乐。别人可能会了解一部分的你，但绝对不是全部的你，你自己不争取机会表达自己，没有人会眼巴巴的过来巴结你请求你说出自己的想法。一来，你没有那么高的关注度，别人的世界不会以你为中心；另一方面，和你能力相当，甚至比你能力强的人比比皆是，没有了你，世界照常运转。

因此，我们必须学会抓住机遇，勇敢的表明自己的观点，这不仅能对我们的是事业有所帮助，也会增加你性格的鲜明性，使别人对你为人处世的规矩准则刮目相看。我们说这个社会最不缺少的就是性格圆滑没有个性的人，勇敢恰当的表达出自己的见解，即使你的想法和别人的想法格格不入，那也是你的想法，与众不同的思想。

没有菱角的人之所以庸碌，是因为他们总是与大多数人保持一样的观点，就像大街上满街的人穿的都是同一件衣服，你很难辨别出谁的风格更有味道。但是，如果大街上大部分的人都是穿的同样的衣服，只有一少部分的人穿着与他人不同的服装，那么你会很容易的辨别出他们，并对他们产生深刻的印象。这就是我们要学习适当表达自己立场的缘由。

表达立场需要注意的几点事项：首先要敢于对必要的事做出必要的反击、与人为善必然是好。但在社会竞争日益激烈的今天，如果我们一味的忍让和后退，只会把自己逼的无路可退，并且给对方自己很软弱的错觉。因此一定要抓住时机，鼓足勇气进行反击。

其次，因人而异，在小人面前，不必委曲求全。俗语说"人善被人欺，马善被人骑"。有些小人总是爱挑"软柿子"捏你对他越是忍让，他越是变本加厉。对于这种情况，我们一定要辨识出他的花样，并毫不留情的采取必要措施，如此才能巩固自己的地位。

最后，冷静对待周围事物，用理智解决问题。当我们表达出自己的观点却遭受其他人冷眼和反对的时候，不要自乱阵脚，要用自己的智慧和理智控制局面，尽力采用多种手段和方法让别人对自己的见解产生兴趣。

在当今社会，不能总说，也不能不说，关键是把握一个度，"该出手时再出手"，进退结合，勇敢地把自己的想法付诸实践，做生活的主人，驾驭自己的人生。

中国人以练习太极拳的方法来陶冶身心，其实，太极拳的内涵就是"以柔克刚"。看似慢，静，柔，的太极功夫，却能减肥健身磨练心智。领悟到这种哲学，遇事多思考，先慢后快，避免不必要的冲突和追击，学会刚柔并济，才能使你的人际关系获得永远的保鲜。个性太直，以及过于刚硬的人，要懂得变通，万万不可有着性子胡来。许多时候，变换一下做法，事情就会有大改观。

不要硬碰硬，要学会躲闪

中国古典哲学就有"以柔克刚"的思想。老子曾在《道德经》中提到："柔之胜刚也，弱之胜强也，天下莫不知。"意思就是说世间之事，并无定律，有些时候，柔反而可以胜过刚，弱反而可以胜过强。这是古人的智慧，在今天仍然是不可磨灭的真理。

哲学上讲相互转化，事物虽有强大和弱小之分，但他们却不是一成不变的，反而可以相互转化。滴水之柔，柔若无骨，但他却可以穿透坚硬无比的顽石；藤蔓之弱，必须依赖其他植物才可以生长，但他却可以缠死粗壮的树干。因此，"以柔克刚，以弱克强"并不是无理之谈，反而是一种高超的处事之法。

同样，在人际交往中，倘若能够掌握这种以柔克刚的方法，遇事学会转换和躲闪，不要硬碰硬，换一种思维，以退为进，也许会使你的境遇有天翻地覆的转机。

有一个男人下班后像往常一样骑自行车回家，就在他锁自行车的时候，突然出现两个歹徒，并且用刀具逼他交出财物，面对两个歹徒的持刀劫持，他不仅无所畏惧，反而拼命去和歹徒搏斗，试图夺回被歹徒抢过去的包。然而，他拼命夺取，歹徒误以为包里有巨额财产，认为他是因为舍不得巨额财产才如此拼命不舍的与其搏斗，更加加剧了歹徒夺取他钱财的决心。因此，歹徒更加疯狂的向他施加压力，不停的向他挥刀恐吓。

　　没想到他不仅不怕，反而向歹徒靠近。情急之下，歹徒将手中的刀具急速捅入他的身体中，一下不够又补一下，慌乱之中失去理智竟桶了他二十几下。最后，男人当场倒在了血泊之中。歹徒迫不及待的打开男人的包。他猜想以男人反抗的程度包里肯定有亿万不止，但是眼前的一幕让他惊呆了，里面只有二十元不到的零钱，其他一无所有。就这样，因为二十块钱，一个鲜活年轻的生命被埋葬了。

　　男人丧失性命的原因在于，他不懂得闪躲。当歹徒靠近他的时候，他只顾硬碰硬，而没有想到自己与歹徒的差距就像鸡蛋碰石头一样悬殊巨大。他想保护自己的财产没有错，但是他没有选取正确的方法。莫不说他的包里只有二十块钱的零钱，即使他的包里有二十亿的资产，倘若他给了歹徒，留的性命也有机会再去赚的二十亿。然而就是因为他的一味硬拼，没有退步，才导致自己因为二十块钱就丢失了性命，让父母白发人送黑发人，让儿子永远失去了爸爸，妻子永远失去了丈夫。

　　男人虽已将近不惑之年，但在这个问题上却没有一个女孩的做法聪明。周末的一天中午，爸爸妈妈都出去上班了，家里只有一个小女孩在家。忽然门铃响了，单纯的女孩没有问一句也没有通过"猫眼"看一眼就直接开了门，一开门，一个凶狠的男子手持刀具站到了她的面前。"不好，遇到劫匪了！"，女孩的脑海里立刻闪现出了这样的念头，她想过哭喊救命，但大中午的不一定会为自己引来救兵，况且即使引来救兵也不一定能就得了自己，她想过打110报警，但现实的条件让她没有机会去拿电话。

孤独无助的她只能冷静下来靠自己的智慧来拯救自己。她迅速的让自己镇静下来，微笑着对歹徒说："大哥，你真会开玩笑。你是来推销菜刀的吧？这菜刀还不错，给我来一把吧，一定要便宜点啊。"歹徒一下子愣住了。

接着，女孩装作若无其事的将歹徒拉进自己的家里，并将自己亲手制作的小饼干拿出来招待他。女孩一边"招待"他，一边跟她谈话，"大哥，你长得特别像我以前一个特别好的哥们，后来他去了美国，再也没有联系过。""他是一个特别热心特别意气的人，每次我有了困难麻烦去找他，或者心情不好了去找他，他总能帮我解决。""见到你，我真的很高兴，好像看见了我那个好朋友。"被她这么一搞，原本恶狠狠的歹徒突然变的不知所措，行动也变得拘谨起来，他结巴的说着"谢谢""呵呵"等词。

最后，女孩用低廉的价格"兴高采烈"的买下一把菜刀，歹徒接过女孩的钱，迟疑了一下便转身离去。在男子转身的那一瞬间，他对女孩说："希望你的朋友早点回来，如果有可能的话，我也可以当你的朋友，你是改变我一生的朋友。"

就这样，女孩不仅保住了自己的生命，还完好无损的保住了家里的财产。更重要的是，她让一个歹徒洗心革面，走上了正确的道路。同样是面对歹徒的袭击，男人因此丢失了自己的性命，女孩不仅保护了自己，还拯救了一个误入歧途的歹徒。原因就在于二人处事的原则不一样。因为女孩懂得用理智和智慧去保护自己，而不是像男人一样，明知道自己无力抵抗还一味的硬碰硬。

学会闪躲，以柔克刚，避免硬碰硬是为人处事一种极其高明和智慧的斗争策略，一个人只有掌握了以柔克刚的道理，才能在纷繁的人际社会中永远立于不败之地。无论你是老板还是员工，都需要学会以柔克刚的处事之道，才能更好的进行人际交流。

作为老板，当下属发生抱怨时，不一味的大发雷霆采取惩罚的措施，反而用温柔的策略安慰员工体谅员工，不仅会平息员工的抱怨，反而会收买人心，让员工更好的为自己的公司服务。

作为员工，当你对自己的薪水不满意时，不是一味的抱怨老板，而是采取以退为进动之以情晓之以理的方法向老板反映这件事，不仅会达到自己预期的设想，还会赢得老板的青睐，获得升职的机会。

学会闪躲，以柔克刚，避免硬碰硬是为人处事一种极其高明和智慧的斗争策略，一个人只有掌握了以柔克刚的道理，才能在纷繁的人际社会中永远立于不败之地。性子直的人尤其要具备格局思维，善于在谋划中改变自我、赢得未来。

古人云："人非圣贤，孰能无过。"犯错不可怕，可怕的是犯了错不肯承认。很多人都因为怕丢了面子而不敢承认错误，其实，主动承认错误的人更有面子。谁都不能保证自己一生中一个错误都不会犯，但是倘若你犯了错误，还硬是梗着脖子，不肯开口表达自己的歉意，那么以后的道路必定寸步难行，很难走下去。

主动认错的人更有面子

贝多芬说："一个人最难堪的事情莫过于被迫去为自己的失误而自咎自责。"如果发现自己的错误，并诚心诚意的承认错误，这种大无畏的精神也能算的上一种"知耻近乎勇"的表现。

两个人之间发生争执肯定不是单方面的原因，会有一方错误较少，但是绝没有一方完全没有错误的。如果你是错误较多的那一方，主动承认错误是应该的，本来就是你的主要责任，你向别人道个歉，这是情理之中的事。如果是你错误较少的那一方，主动承认错误是道德高尚的行为，所谓"当局者迷，旁观者清"，你们之间的是非，冷眼人都看得清清楚楚，你虽然不是矛盾的主要发起者，还是主动向对方道歉，更是显示出了你宽广的心胸，不仅能够平稳的化解双方的矛盾，还会让别人对你刮目相看。

那么为什么会有那么多的人明明知道是自己的错误，还不肯承认呢？原因无非以下两种，一是怕丢了面子，拉不下脸皮向对方道歉；二是自以为是得理不饶人，认为错不在自己，没有必要向对方道歉。倘若原因是第一种，明知道错在自己，还不肯拉下面子向对方道歉，那么只能等对方先让自己道歉，结果只能是将高风亮节的皇冠亲手给别人戴上，并落得周围同事朋友对你"指指点点"的评价。倘若原因是第二种，自认错不在己，便等着别人来道歉。如果对方心胸宽广，主动跟你道歉，那影响还不是很严重，最多落的周围人对你的议论，说你得理不饶人；如果对方也抱着和你一样的态度，也认为错不在己，等着你跟他道歉，那么你们两人之间的矛盾隔阂只能是越来越深。影响了自己的人际交往，更甚者，还会影响自己的前程。

因此，无论从那种角度说，知错不改都是没有好处的。反而主动认错会对你有很大的帮助，不管错误在不在你，你主动承认了错误，并不会让人认为你"怂"反而会觉得你这个人勇于认错，心胸宽广，为你的人际交往加分。

1754年，华盛顿还是一位上校，有一次，他率领军队驻扎在亚历山大里亚，参加弗吉尼亚的议会会员选举。就在选举的时候发生了一个意外的状况。有一个名叫威廉·佩思的人和华盛顿支持的候选人不一样，二人在关于选举问题的某一点上发生了激烈的争执。年轻气盛的华盛顿说了一些冒犯佩思的话，佩思一时性急当场一拳将华盛顿打倒在地。当时，华盛顿的部下就在现场，看到这种情况，立刻冲了上去，准备替他们的长官报仇，将佩思大大一顿，但华盛顿却出乎常人意料地阻止了他们，并以严厉的口吻命令所有人返回营地。

第二天一早，华盛顿命令下属递给佩思一张纸条，约他与自己在一家小酒店里见面。佩思以为华盛顿是要与自己清算昨天的"仇恨"，因此带了很多随从保镖一起去赴这场"鸿门宴"，但令他没有想到的是，华盛顿并没有带军队去与他打架，而是只身一人，为他献上了"酒杯"而不是手枪。华盛顿说："佩思先生，世界上没有不犯错误的人，犯错也是人之常情，犯了错误不可怕，可怕的是犯了错误而不改正。我认为纠正错误是一件光荣的事，并且我为我昨天的行为道歉，希望你不跟我计较。我昨天对你的冒犯是不对的，如果你接受我的道歉，请跟我干了这杯酒，我们从此握手言和，不再提以前的事。"

华盛顿的一番话令佩思的态度发生了一百八十度的转变，他由一个反对华盛顿处处与他作对的人，转变成华盛顿最忠实的支持者。这就是主动道歉的好处。我们都看得出来，这件事情的主要责任人并不在华盛顿，是佩思主动出手打人，但华盛顿还是主动地伸出了友谊之手，主动向佩思道歉，最后不仅顺利地化解了两人之间的矛盾，还赢得佩思的衷心和众人对他的钦佩。

伟人的智慧就在于此吧，主动承认错误并不代表你真的犯了错，而是与你的人际、事业和前程相比，主动道歉更加微不足道。为了一时的面子拒不认错，最后损失最大的还是你自己。

中国人讲究"以退为进"你主动承认了错误，看似是退了一步，实际上赢了他人的赞许和钦佩，不仅为自己打下了良好的人际关系网，还给未来的事业和前程打下了坚实的基础。相比之下，主动承认个错误其实是个一箭多雕的良策。

意大利人说："没有拉不直的绳，没有改不了的错。"错误像是人生成长中的必修课，只有勇敢承认并改正才能获得优异的成绩。性格耿直的人往往拒不认错，表面看来是执拗，其实人性的弱点在作怪。犯错的人不懂得反思，不肯承认错误，表面看来很强势、刚硬，但是做人的底子已经不稳固了，硬下去也没有什么意义。反而是主动认错的人会得到他人谅解，在退让中为自己赢得了生存空间。

犯错本来并不是不可饶恕的错误，关键是我们要学会主动承认并改正错误。在人生的道路上，错误常常阻挡着你前进的路途，但是真正的勇士从来都是敢于正视的自己的错误，并加以改正。

在物欲横流追求高品质生活的今天，很多人认为"功成身退"已经不再适应时局的发展，觉得他会使人失去进取的决心，使人满足现状，缺乏勇于进取的战斗力。实际上，这种看法是不对的。功成身退并不是不思进取，而是一种懂得把握时机的大智慧。

功成身退是一种大智慧

"功成身退"是说一个人在某一方面有了很高的成就后，就在这个行业退出，不再出现在这个行业中，但并不代表，他不可以在别的行业有所发展。将对某一领域的钻研比作登山，当登上山顶之后，你很难有更高的突破，这时候"不见好就收"，依旧呆在山顶上，只会让后来的登山者超过你。相反，如果你到达了一座山的山顶之后，转身而下，向另一山进攻，那么你很可能同时成为两座甚至多座山的占领者。

我们并不是对自己没有信心，也不是没有决心一定能够在原有的领域超越自己，再创佳绩。只是应该相信并尊重事物发展的规律。哲学上讲，事物的发展总是遵循着从"生"到"灭"，从"新生"到"成熟"的过程。对于一个领域的研究也是如此，你的介入见证了这个领域从"生"到"灭"，从"新生"到"成熟"的过程，整个领域都已经到达一个成熟的阶段，无论你如何努力，都很难让它有一个更高的发展。

有些人不愿意相信自然规律，想挑战自然，用自己的行动证明"生命不止，折腾不止"的"伪真理"不见好就收，一味贪婪索取，结果只能是搬起石头砸自己的脚，被自己的固执绊了个大跟头。

历史上风光一时，被秦始皇视为知己的宰相李斯，曾经重权在握，威震一方。为相三十年，他获得一人之下、万人之上的尊贵地位。但是就是因为他对自己过度自信，不懂得功成身退的道理，不顺应局势的发展，不肯放权政治，最后不仅自己落得被斩腰的悲惨下场，还连累近亲三族都落得屠灭的后果。虽然他最后醒悟了，但已为时过晚，无力回天。

相比之下，张良就聪明得多。这位西汉王朝的开国功臣，是汉高祖刘邦的重要谋臣。但刘邦建立汉朝后，张良却自动隐退。很多人认为他傻，吃苦受难的日子都熬过去了，剩下享福的日子他却退隐了，其实不然，张良的退隐实在是一种常人难及的大智慧。一位君王最忌恨的是什么？答曰：功高盖主。刘邦聪明至极，他自然明白自己谋略计策不如张良，国家已建成，万一张良生起谋反之心，自己很容易被谋权篡位。因此，他虽然表面上对张良大嘉奖赏，但心里既揣测又不安。

有一种智慧是只属于智者的，那就是洞察力。张良，何许人也，受高人指点，熟读兵书，他岂能猜不透刘邦的心里。身处高位应该遵循的一条必要法则就是"大道无所不包！"一个人越是位高权重，锋芒毕露，越是惹得君妒人怨。为人行事，若不步步为营如履薄冰，很容易身败名裂一败涂地。智者就是智者，他不仅能清楚地看透当时的局势，并且舍得抛弃自身的利益，在适当的时候"功成身退"，保全自身。张良摸透了刘邦的心思，毅然的放弃了自己的权势，甘心退隐，过平凡人的生活，虽然失去了很多名利富贵，但却保全了自身，实在是一种大智慧。

无独有偶，范蠡也是一个深明大义，懂得把握时机的人，他看清了勾践是个"可共患难"，不可共富贵"的人，因此，在帮助勾践消灭吴国之后自行退隐，泛舟五湖，才得保全一生。

大智若愚、物极必反，柔能克刚，无数的古训说明了这一点。所谓细水长流，最终流的久远的还是涓涓细流。

在现代，也有一些不懂得功成身退，最后落得不好下场的人，其中以演艺圈最为典型，很多明星虽然年华不再，依旧装嫩卖萌，四五十岁的年纪还要和二十来岁的小姑娘"抢占市场"，那结果只能是自取其辱。不是说四五十岁的人就不能在演艺圈生存，而是一个人到了什么年纪，就应该干什么年纪的事，年轻的时候塑造青春少女的角色，年纪大了就应该在青春少女的圈子里功成身退，你已经创造了属于你那个时代的辉煌，又何必和年轻人争呢？相反，饰演一些和你年龄气质想符合的角色，不仅能展现你很强的塑造性，还使别人对你钦佩赞许，何乐而不为？

无论生活中还是事业上，我们都应该学习这种功成身退的大智慧，到了一定阶段，就不要继续钻牛角尖，换个角度想问题，退一步，也许你会获得更大的发展空间。人生并不是一个封闭的山洞，我们拥有无数的机遇和大胆尝试的机会，失败和放弃都是被允许的，当你在一个方向走到尽头的时候，退一步，换个方向，你会找到另一条宽阔的道路。

直性子只知道前进，不懂得后退。他们只感受到前进的快感，而无法体会到退却后的闲庭信步。成功的关键在于，知进退。尤其是功成身退，更体现了人生的辩证法。物极必反，知足常乐。生活中没有什么永恒的，再高的权势再多的财富最终也会沦为身外之物。明白了这个道理，就应该适当的时候放弃他们，功成身退，反而带给你一种意想不到的轻松和安稳。

一个人只有真正懂得以退为进，力避锋芒，才能获得长久的安稳和发展。所谓"忍一时风平浪静，退一步海阔天空"，功成身退其实是一种高明的处世之道。

自尊心都是极其脆弱的，那是个"雷区"。俗话说："没有尊重就没有交流的基础。"自尊心不仅仅是一个人的面子，还是一个人为人处世的"门面"。没有人会希望自己的"门面"被人泼油漆，人人都很在乎自己的自尊问题。所以千万不要去碰它，更不要去伤害它。特别是当我们和别人交往的时候，一定要时刻顾及到别人的面子。即使别人犯了错误，也要适可而止地去批评，以免踩着"雷区"。

己所不欲，勿施于人：切勿伤人自尊

俗话说得好："没有尊重就没有交流的基础。"自尊心不仅仅是一个人的面子，还是一个人为人处世的"门面"。自尊心是极其脆弱的，那是个"雷区"。没有人会希望自己的"门面"被人泼油漆，所以千万不要去碰它。即使别人犯了错误，也要适可而止地去批评，以免踩着"雷区"。

战国时代有一个小国名叫中山。一次，国君大摆宴席来招待国内的名士，但是羊羹没有准备充足，无法让全场的人都喝到，特别是其中一位名士司马子期，因为没有受到与礼的对待，觉得自己的自尊受到了伤害，因此怀恨在心。

后来，他跑到楚国，用计劝楚王攻打中山，想让中山亡国。在中山的国君外逃时，发现有两人拿着武器一路保护他，他问什么原因，二人答道："我父亲当年还只是一个小小的谋士，但在您的酒宴上却受到特别友好的对待，让他颜面添光，并且受到了别人的尊重。他去世前告诉我们，要我们必须竭尽全力报效您。"中山君听罢，感叹说："给的东西不在乎多少，而在于别人是否需要；施怨不在深浅，却在于你是否伤了别人的心。我因一杯羊羹亡了国，却因一盘食物得到两位勇士。"

如今这个社会上，有些年轻人个性至上，好胜心强，有时为了表现自己的优越感或为了博取周围人的好感，而去暴露他人的缺点，让他人的自尊心受损。殊不知，这样做实则是无意之中伤害了他人的感情，而且还很有可能树立一个终生的敌人。其实，在一些小事上，你完全可以让别人"赢"上一把，照顾照顾别人的自尊，这也是一个获得别人好感的机会。

要重视别人的自尊心，必须先抑制自己的好胜之心。在大庭广众，如果旁若无人地使自己出尽风头，不仅得不到别人的共鸣，反而会让别人的自尊受到伤害。另外人无完人，当别人做错了事情的时候，语言也不要过分苛刻，让别人的自尊受到创伤。

其实，人与人之间的尊重是相互的，如果你尊重别人，别人也同样会尊重你。在与陌生人交往的时候，一定要充分考虑到对方的自尊。即使在帮助别人的时候，也一定要注意方式，给对方留足面子，维护好对方的尊严。

有时候，一个人损失了金钱，尚还无关紧要，而一旦他的自尊心受到了严重的挫伤，那什么后果都可能出现。金钱上的损失可以补偿，而心灵受到的伤害，并不是一朝一夕就可痊愈的。当你说出了自以为无关紧要的一句话，但在别人听来，是那样的刺耳，甚至使他失去理智。所谓"言者无心，听者有意"，就这样一句话你就可能会为自己树立一个敌人，失去一个朋友。

现实生活中自尊心被伤害和伤害别人自尊心的现象比比皆是，轻则影响了同事之间的团结，使人与人之间关系紧张，重则影响生产，影响工作，造成无法估量的损失。

所以，年轻人在社会上行走如果不想制造敌人，说话最好谨慎一点，一定要保存好他人的形象"门面"，只有这样你才能在尊重别人的同时也换取别人的尊重。

要重视别人的自尊心，必须先抑制自己的好胜之心。年轻人在社会上行走如果不想制造敌人，说话最好谨慎一点，一定要保存好他人的形象"门面"，只有这样你才能在尊重别人的同时也换取别人的尊重。

电视上一些主角明星除了有光彩亮丽的外形外，出镜率也极高。其实在现实生活中，也有很多人都希望自己能在生活中充当"主角"，因此时刻都把自己的位置搁放在第一位，甚至为了争取得到自己的"出镜率"而刻意去压榨别人的光芒衬托表现自己。其实，多给比人一些机会，就是给自己一些后路。在自己努力上进的时候，更应该欢迎别人超过自己才是；而当别人已经超过了自己的时候，要对别人持一种欣赏、羡慕的正确态度。

做最佳配角，多给别人一些表现自己的机会

古希腊有一句民谚说："多给别人一些表现的机会，就是给自己预留多一条路子走。"精明的人懂得适时的做人生的配角，他们明白，给对方提供表现的机会，才能赢得其信赖。

在社交礼仪中，这种智慧往往可以表现得淋漓尽致。

王晶晶是一个活泼可爱的女生，平常在众人中是最活跃的一个。虽然她是大家的开心宝贝，但是偶尔也会遭到大家的另眼相看，原因就在于她老是因为过于激动热情而爱出风头。

有一次，大家约好去公园玩，本来玩得挺开心的，可是就在大家一起照合影的时候，发生了问题。原来王晶晶认为自己应该站在最中间，这个位置可以说是领袖人物。

其他的朋友表面没说什么，但是心里都挺闷闷不乐的。王晶晶还咋呼

着说道:"你们都靠过来一点啊。"其中一个朋友终于不乐意地说道:"哎呀,要不你一个人照得了,反正我们也是你的'衬托'而已。"王晶晶听后也感到不好意思了。

刚刚踏入社会的年轻人,一切对他们来说才刚刚起步,方方面面的事情可能无法考虑周到。因此在社交场合中,不妨学着点"藏锋露拙",或许对你的工作有更大的帮助。

很多时候,那些喜欢好为人师,总想让别人知道自己很有能力,借此显示自己优秀的人,却正好正好适得其反,惹人讨厌。

其实,多给比人一些机会,就是给自己一些后路。在自己努力上进的时候,更应该欢迎别人超过自己才是;而当别人已经超过了自己的时候,要对别人持一种欣赏、羡慕的正确态度,并且满腔热忱地帮助别人成长进步,需要的时候,甚至可以当"人梯",让别人踩着自己的肩膀冲上去。

其实,每个人都有自己的表现欲望,每个人内心都期待能够当上生活中的那个主角。如几个人聚在一起讲述故事,甲一个一个地讲了好几个了,乙和丙谁不都是嘴痒痒的,也想来讲述一两个。可是,甲只管滔滔不绝地一个一个地讲下去,使乙和丙想讲而没有机会讲。

我们试想一下,乙和丙的心里一定不好受。因为他们自己没有说话的机会,专门听某甲的讲话,自然会没有精神听下去,只好站起来不欢而散了。甘愿做幕后人,抬高别人,你才能赢得别人的尊重。

我们知道,每个人都希望能得到别人的肯定。当我们让朋友表现得比我们聪明时,他们就会有一种得到肯定的感觉,但是当我们表现得比他还聪明时,他们就会产生一种自卑感,甚至对我们产生敌视情绪。

因为谁都在自觉不自觉地强烈维护着自己的形象和尊严,如果有人对他过分地显示出高人一等的聪明感,那么无形之中是对他自尊的一种挑战与轻视，同时排斥心理乃至敌意也就应运而生。

如果你想在人生中旗开得胜，就必须学着去做配角。因为只有当你学会忍让，你才能为将来铺垫更好的道路。

不糊涂中有糊涂：太执著的人会把事情搞砸

想要赢得周围人的喜欢，

不妨装傻充愣，

将自己的长处隐藏，

故意显露自己的短处，

这样别人就会向你靠近。

高明的人都是懂得装傻充愣的。他们遇事不自作聪明，也不会高谈阔论地讨论别人的意见，不轻易地发表自己的看法，相反他们总会让人感觉，好像他们什么都不懂、什么也不知道，即使有一些好的见解也是碰巧。这样的人其实什么都知道，揣着明白装糊涂。但是也因为这点，他们什么人也不会得罪。

高明的人都会装傻充愣

高明的人遇事不会自作聪明，他们不直接表明立场，不率真地表达内心想法，而是在装糊涂中完成圆融的关系构建，这正是高明的处世之道。这样做，即使对方心知肚明，但是没有人会刻意去跟一个糊涂的人计较什么。这种人不管处在什么样的环境中都能够左右逢源，活得游刃有余。最重要的是，不是因为他们愚笨，而是为人处世豁达大度，这是做人的智慧。

号称"扬州八怪"之一的郑板桥曾写过名言"难得糊涂"，提到"聪明难，糊涂难，由聪明而转入糊涂更难。放一著，退一步，当下心安，非图后来福报也。"这个世界上，聪明的人多，真糊涂的人也不少，而揣着明白装糊涂的人才是真正的少，其根本原因，在于它难以做到。

古往今来，凡是有所成就的人，都懂得装傻充愣，这俨然成为一种历史的惯性。而在现实生活中，这样的情形也屡见不鲜。学会装傻充愣，如果运用得好自然能左右逢源，而有的人虽然一身才华，却因为不谙此道，结果活得一无是处。

比如，有的人在公司里很有能力，性格、脾气也都挺好，但是它们在同事中不受欢迎，事业上也毫无进展。究其原因是因为他们事事追求所以然，或者时时表明立场，结果在错综复杂的职场上无法令各方都满意。今天得罪这个人，明天让那个人不满意，时间一长，他们就成了大家眼中公认的罪人。

事实上，为人处世之道重在圆滑，凭着一种感觉去行事，而在处置各种关系的时候务必保持一份糊涂。这种做法，有时候只可意会，不可言传。

刘东是名牌大学毕业，与其他几个人一起被一个事业单位录用。同事们都说，刘东这个人真的不错，性格挺好，人性也好，但是他却在工作中不如意。这是怎么回事呢？

原来，刘东凡事追求细节，总能把事情做得理好，深得上司信任。此后，上司有什么棘手的问题，都放心地交给刘东处置，这就给周围的人带来很大压力。显然，他犯了机关里的种种忌讳。结果，在年底民主测评的时候，刘东垫底，这让他非常郁闷。此后，越来越多的人开始孤立他，一个牛人彻底变成了孤家寡人。

其实，仔细分析一下不难发现，刘东最大错误在于不懂得装傻充愣。当办公室里进了新人的时候，大家都会把焦点聚在新来的员工身上；如果新人表现得很一般，甚至很差，他们的戒备就会消除，不担心自己的位置被替代，反之就会产生很强的危机感，从而在工作中处处与之为敌。

在这里，姑且不论这种办公室文化的优劣。单从中国传统文化心理的角度来看，直接表露自己的才华与意图，而不懂得隐忍，更不会在某些事情上装糊涂，往往会直接招来竞争压力，这是很正常的。明代大作家吕坤在《呻吟语》中说："愚者之人，聪明者不疑之。聪明而愚，其大智也。夫《诗》云'靡者不愚'，则知不愚非哲也。"意思是，愚蠢的人，别人会讥笑他；聪明的人，别人会怀疑他。只有聪明而看起来又愚笨的人，才是真正的大智者。

老子曾说，"大智若愚，大巧若拙，大辨若讷"，来阐明自己"无为而无不为"的哲学思想。他指出，真正的聪明不在于故意显露，耍小聪明，而在于掌握、顺应事物的本质规律，使自己的目的自然而然得到实现。做到"大智若愚，大巧若拙"，既加强自己的修养，又将自己的才智隐藏起来，这是一种生存智慧。

在《红楼梦》中，很多人就做到了隐藏自己的才能，而有的人却才能尽显。在这方面，薛宝钗和林黛玉就是很典型的例子。两个人都是很有才能的女子，但是却有不同的结局，其根本原因在于薛宝钗善于藏拙。在一个"女子无才便是德"的年代，她的做法是非常受长辈们欢迎的。结果，薛宝钗在长辈们、仆人们面前伪装得很成功，从而给大家留下了懂事乖巧、品行温良的好印象，收获了好人缘。最终，她如愿地做了宝二奶奶。

而林黛玉却相反，她才情非常高，并习惯于显露自己的能力，害怕别人看低自己。生活中，无论仆人做错了什么，都要指出来，害怕别人看低自己。所以，仆人都认为她太过刻薄。而在长辈们面前，林黛玉也不去伪装，表现得非常清高，不愿装腔作势，结果很少有人愿意与之为伍。最后，不懂得藏拙的林黛玉落得个含恨而终的下场。

其实，薛宝钗和林黛玉都是聪明人，不同的是，一个人喜欢装糊涂，一个人处处表现自己的聪明。结果，太执着的人失了人心，落得悲惨的下场。对各种事清清楚楚，只要放在心里就好了，不必表露在脸上。凡事学会装糊涂，让他人受用，自己也轻松自在，更重要的是彼此关系和睦，何乐而不为呢？

由此看来，做人还是"糊涂"一些比较好。纵观历史，那些有大智慧、大成就的人，哪个不是看起来不甚聪慧，甚至有时候看起来有些呆愣。就如汉高祖刘邦，在起事前也不过是大家眼中的无赖。

平时生活中，聪明人不会生陌生人的气。公共场所遇到素不相识的人冒犯你，不值得生气。因为他肯定是别有原因的，不知哪一种烦心事使他这一天情绪恶劣，行为失控，正巧让你赶上了，只要不是侮辱了你的人格，我们就应宽大为怀，不以为意，或以柔克刚，晓之以理。总之，不能与这位与你原本无仇无怨的人瞪着眼睛较劲。跟萍水相逢的陌路人较真，实在不是聪明人做的事。假如对方没有文化，一较真就等于把自己降低到对方的水平，很没面子。

聪明人更不会在家里较真。如果在家里较真，只能说明你愚不可及。在家庭里，大家都是一家人，哪有什么原则、立场的大是大非问题，非要用"阶级斗争"的眼光看问题，分出个对和错来，又有什么用呢？作丈夫的要宽厚，在钱物方面睁一只眼，闭一只眼；做妻子的对生活中的小事应采取宽容的态度，切忌唠叨起来没完，嫌他这、嫌他那。处理家庭琐事要采取"绥靖"政策，安抚为主，大事化小，小事化了，和稀泥，当个笑口常开的和事佬。

性格耿直的人不会装糊涂，所以他们为人处世直来直往，虽然令人放心，却少了圆融的舒适感。看到身边有的人混得好，吃得开，你不妨从他们处世的策略入手去观察。遇事让三分，不把事情挑明却心知肚明，考虑到表象背后的真相，这都是高明者最值得学习地方。

高明的人懂得装傻充愣。当别人感觉你不如他们的时候，他们就会向你靠近，因为在他们眼中，你是一个弱者，在你身边，会显示出他们的强大。来日方长，你的能力总会被有用武之地，又何必急于显露呢？

拥有才能是一种聪慧，懂得装糊涂是一种真正的聪明，而高明的人总会懂得装傻充愣。想要赢得周围人的喜欢，不妨装傻充愣，将自己的长处隐藏，故意显露自己的短处，这样别人就会向你靠近。

遇事较真的人，大多属于直肠子，喜欢钻牛角尖。由于不知道回旋一下，所以他们习惯揪住一点点小事不放。在生活中，有些事情不能太较真。不懂得变通，这不是跟别人较劲，而是跟自己过不去。尤其涉及到复杂的人事关系，更不能去较真，否则你就会对什么也看不惯，甚至不能容忍任何一个朋友，最后会变成孤家寡人。

有些事情不能太较真

直性子的人喜欢钻牛角尖。他们遇事不知道回旋，总是揪住一点点小事不放。这样在执拗中挣扎，少了宽容心，会让自己的路越走越窄。更重要的是，在思维上一根筋硬到底，视野会变得狭窄，对世界的感知力也会弱化，无法看到社会的丰富性、精彩度。

有一位智者说，大街上有人骂他，他连头都不回，也根本不想知道对方是谁。显然，他清楚自己该干什么、不该干什么，知道什么事情应该认真，什么事情可以不屑一顾。无疑，这是一种真正的处世之道，渗透着糊涂学的要义。每天面对许多事情，有限的时间和精力提醒我们，有些事情可以认真对待，有些事情则不必放在心上。事实上，为了无关痛痒的事而与人争论一番，不但浪费时间，也徒增烦恼。

至于在一些组织中，凡事不去较真就显得更有必要了。因为，在处理团队关系的时候，尤其是在中国的社会背景下，如果非要把事情弄明白往往会把关系搞砸，到头来谁都无法下台。比如，上司和下属之间不可以太较真，否则不利于工作的开展，也会造成误解，甚至酿成祸患。

春秋战国时期，郑国有一个宗室贵卿叫宋。有一次，郑灵公大宴群臣，结果在酒席宴上引起了误会。当时，分鱼的时候没有往宋的桌子上放，显然这是郑灵公故意戏弄。宋是郑国的重臣，当着这么多人的面，他感觉很没面子。恼羞成怒之余，他跑到灵公面前，用食指从灵公的鼎里面取出一块肉，然后放到嘴里。显然，这也是一种严重的挑衅行为。

看到这种情形，郑灵公直接就火了。于是，他把筷子扔到一边，怒喝一声："真个无礼，敢这么欺负我，看我不斩了你！"看到情形不对，大臣们连忙跪下来求情，过了一会郑灵公才安静下来。就这样，一场宴席不欢而散。

到了晚上，有人到宋的家里，劝他向郑灵公谢罪。但是，宋不以为然，只是淡淡地说："慢人者，人亦慢之。主公先轻慢我不但不自责，还责备别人，真昏君也。"随后几天，宋果然没有向灵公道歉。后来，郑灵公外出秋祭，宋竟然买通侍者杀了他。这本来就是一场玩笑，结果宋却太过较真，弑杀了君王。

死脑筋的人，不懂得变通，无法掌握糊涂之道的要义，所以在为人处事中容易做出一些出格的事情。往小了说，这会恶化双方的关系，不利于良好人际关系的构建；往大了说，这会严重阻碍个人成长和发展，是成功路上的绊脚石。由此可见，执著心太强了，未必是好事。

无论是生活中小事，还是涉及到国家长治久安的大事，当事人都需把握大的原则，不要在一些无关紧要的事情上去较真。保持适当的弹性，让自己有回旋的余地，这样才会实现处事通达的目标。实际上，人生本来就是由无数繁琐而又琐碎的小事组成的，在这些事上太过较真，不仅把自己弄得很累，也会使周围的人烦不堪言，甚至会伤害彼此的感情。要知道，你身边的，恰恰也都是你在乎的，一个人太过较真，首当其冲的是他身边的人。

倩文常常为一些小事和老公吵架，最让她无法忍受的是，老公明明犯了错却不肯承认。甚至在证据面前，老公仍旧不服输，这种恶劣的态度简直要把倩文气疯了。这天早上出门的时候，老公上班前说晚上出去吃西餐。倩文惊讶地问："干吗吃西餐，太浪费钱了。"只见老公神秘地说："亲爱的，今天是我们结婚10周年纪念日啊！"听到这里，倩文笑了："瞧你这记性，今天不是结婚纪念日，后天才是。记住了，是28号。"

但是，老公仍然坚持是今天，并一再强调出去聚餐。听到这里，倩文真的生气了，怎么连结婚纪念日都搞错了！随后，她怒气冲冲地跑进房间，然后把结婚证摆在老公面前："你好好看看日期！不要再跟我争执了。"老公瞄了一眼结婚证，气呼呼地去上班了。

这天晚上，西餐没有吃成，家里的晚饭也没吃好。老公回来后一直闷闷不乐，还嫌倩文做的菜不好吃。其实，委屈的是倩文，老公明明记错了日子，还拿别人出气。跟这样的人生活在一个屋檐下，怎么能让人省心呢？

实际上，这件事不能怪老公，倩文没必要过分较真。既然老公提出来出去聚餐，那就顺水推舟，一家人高兴地去吃。也许，老公最近工作太忙，所以记错了日子。错就错吧，而且男人本来就没女人那么细心，这没什么大不了。最重要的是，一家人团聚在一起，开开心心地度过一个美好的夜晚。

工作中不要太较真，生活中也不要太较真，在与陌生人相处时更不要较真。凡事只要不涉及原则性的问题，睁一只眼闭一只眼也就过去了，太较真反而是自己给自己找麻烦。由此可见，许多时候，生活中的烦恼都是自己寻来的。问题根本没有那么严重，但是当事人太较真，直接按照自己的意愿去理解事情，甚至让他人按照你的意图行事，这怎么能维系良好的人际关系呢？

较真的人，实际上在直接把自己的意愿强加到他人头上，而无法理解变通的道理。其实，你不妨忘记自己的主张，在处置纷争的时候难得糊涂。当你放下了，烦恼自然也就走了，说不定随着时间的推移事情会真的如你所愿，或者你会发现自己当初的执拗根本没必要，只是空费精力而已。

现实生活中，很多东西很复杂，太过较真反而会使自己牵涉太多东西，使自己深陷泥潭之中，给自己带来不必要的麻烦，倒不如宽容一点，给自己，给身边的人更大空间，解放自己，又有何不可呢？

本来就是一件别人闲来没事故意找的事，又何必较真呢？为了无关紧要的事而与他人理论一番，又何必呢？生活中，不可以太较真。有时候，听到别人对自己的不满与抱怨，但也许只是别人一时的牢骚也许说完就忘了，而你却在耿耿于怀。很多时候，你没有办法改变别人对自己的看法，却可以决定自己的言行。本着难得糊涂的原则处世，自然会在不执着中收获到快乐。

现实生活中，较真的人，实际上是在把自己的意愿强加到他人头上，却无法理解变通的道理。太过较真了会使自己深陷泥潭之中，给自己带来不必要的麻烦。此时，不妨放下，忘记自己的主张，也许会收到不期而遇的快乐。

在待人处事时，性格耿直的人，往往眼睛里不揉沙子。其实有的事不必搞得太明白，只要大家心里清楚就行了。中国有句俗话：看透别说透，才是好朋友。事情说得太白，反而会伤和气，疏远彼此，或显得太无聊，令别人感到烦。因此，放下执着心，学会看淡，甚至对某些事视而不见，才容易获得圆满的结果。

水至清则无鱼，人至察则无徒

性格耿直的人，眼睛里不揉沙子。这种做法有时候是必要的，但是在更多时候是多余的，甚至对我们处置关系是有害的。比如，两个人初次见面，如果你贸然指出对方的一些小错误，就容易引起对方的不快。尽管你说的很正确，但是对方对你的好感会降到冰点，关系会急剧恶化。

一位经理为了开拓新客户，接连在市场上奔波了一个月。由于公司的业务主要针对国企与政府部门，所以他拜访的对象都是科长级的人物，其中有一个单位是处长出来接见。在谈判中，各个单位的规模和设备都不相同，所以对产品的要求也大相径庭。为此，这位经理必须反复解释公司产品的特性，以及未来供货计划。由于反复谈，多次沟通，经理确实很累，以至于在和那位处长接洽的时候，误把对方称为科长，并在会谈中一直以"科长"来称呼对方。

在整个会谈过程中，经理一直没有发觉这一点，直到事后回到公司整理名片时，才发觉这个错误。为此，他感到非常惊慌，急忙拨通电话，向对方道歉。还好，对方没有把这件事放在心上。回头想想，这位处长在会谈中没有指出经理的错误，也没有指出对方的错误，更没显出不愉快，而是继续热心地听对方阐述议题，做人这么大度，确实难得。所以，经理对这位处长始终放在心上，非常敬重。

而那位处长处理问题也很到位。他没有在破坏会谈气氛，始终保持着很好的兴致；而在接到道歉电话时，也没有对经理加以责难，只是淡淡地说没事。显然，他坚持糊涂处事，目的是追求和气的氛围，把事情办成，而忘记了个人的地位和颜面。这位处长不拘小节，确实胸襟非同一般。

在处理各项事务时，遇到无关原则的事情，学会睁一只眼闭一只眼，不要太过追究，也不失为拉拢人脉，获得良好人际关系的良策。为了一点小事斤斤计较，揪住别人的小错不放，搞得自己身累心累，搞得周围的人也每天惶惑不安，破坏大家心情，最终伤害彼此的感情，这又何必？

事实上，每个人的思想观念和成长经历是不同的，也许在别人眼中很习惯的事情，在你的眼中却是不允许出现的。也许，在大多数人看起来，那是很微不足道的小事，一点你过分的苛责，那么，你会"收获"意想不到的损失。

美国的乔布和沃兹是"苹果Ⅱ"微电脑的开发者，而马克库拉是他们最重要的合作伙伴。最初，与乔布和沃兹两位年轻人接洽的人并不是马克库拉，而是一个名叫瓦尔丁的人。瓦尔丁第一次来到乔布的家中，看见这个未来的伙伴穿着牛仔裤，留着披肩长发，蓄着大胡子，怎么看都不像是一位企业家。于是，他就把这两位奇怪的年轻人介绍给了马克库拉。

早年，马克库拉是英特尔公司的市场部经理，十分精通并看好微电脑。同样是第一次见面，他并没有被乔布和沃兹的样子"吓坏"，而是把目光放在了两人研制的"苹果Ⅱ"样机上。随后，双方展开了热烈的交谈，议题涉及到"苹果Ⅱ"电脑的各个话题。在交谈中，马克库拉发现乔布和沃兹只精通于技术，对商业运作一窍不通。不过，他仍然没有对两个人失望，毅然决定取长补短，发挥各自优势开展合作。随后，新公司成立了，公司产品开创了一个时代。

在上面的故事中，瓦尔丁拘泥于乔布和沃兹的外表形象，过于求全责备，结果丧失了一个有可能是他一生中最重要的成功机会。而马克库拉与之相反，集中于对合作伙伴专业能力的考察和深度了解，最后创造机会取得了胜利。

生活中，人们往往戴着有色眼镜看人，并根据直观的第一印象评价他人，决定日后的行动方向。需要指出的是，在观察、考察他人的时候，不要完全按照第一印象去评判，并且对那些自己印象不佳的地方不必放在心上，影响自己对大局的把握。

"水至清则无鱼，人至察则无徒"，如果眼里不揉沙子，把问题看得太清楚而不能容人，那么就没有什么有价值的东西可取了。成大事者必定抓大局，不被表面的、直接的东西蒙蔽，能够果断地舍弃那些无关大局的东西。少了一份执著心，得到的将是整个世界。那些成事不足败事有余的人，为什么难以有所建树，是因为他们少了大局观，不懂得淡忘无关紧要的事情。在一点小事上太过苛刻，必然遭受严重损失。

一个渔夫从海里捞到了一颗大珍珠，异常惊喜。回到家里，他把珍珠捧在手心里，仔细观察，希望能卖个好价钱。忽然，他发现珍珠上有一个小黑点。这是一个瑕疵啊，如果能把小黑点去掉，一定会成为无价之宝。想到这里，渔夫就拿起刀子，尝试着把黑点刮掉。然而，刮掉一层，黑点仍在，再刮一层，黑点还没有消失。到了最后，黑点终于没了，而珍珠也成了小颗粒，消于无形。

这个道理，在人际交往中同样适用。因此，为人处世掌握糊涂的要义是多么重要，放弃对别人的苛责，选择宽厚的容人策略，那么世界上许多人都会成为你的合作伙伴，都会与你建立信任关系。如果你性格耿直，而不能容人，那么就读透"水至清则无鱼，人至察则无徒"背后的深刻内涵吧。早一天明白，就早一天掌握开拓人际关系的技巧，并在与人和睦共处中成就非凡的业绩。

能够迁就别人的个性或是习惯，将会给你带来更多的朋友。人的一生，短短数十载，没时间计较，没时间事事明细，不必在一些小事上太过苛求，不必在思前想后中耗磨时间，多包容一些，少苛求一些，享受生命的乐趣。

水至清则无鱼，人至察则无徒。不要过分苛求，懂得迁就与包容，这样，才有利于自己的判断，才不会伤害彼此的感情。对性子直、脾气急的人来说，身上少了不容人的戾气，就会增加得道多助的福气。

直性子的人不懂得糊涂之道，惯于苛求，往往让人下不了台，最后谁都没好日子过。其实，在很多事情上不去苛责别人，不去关心非原则性的问题，能充分彰显自己的大度，也会有效减少不必要的烦恼。

那些饱经风霜的草，通过无数次考验的坚韧的草，风一吹便低下了头。人生何尝不是如草一样？它们低头弯腰，是为了保护自己，而强硬只能使自己夭折得更快。

低头是稻穗，昂头是稗子

人，贵在能屈能伸。其实，伸很容易，屈就难了，这需要非凡的忍耐力。一张笑脸，一句诚恳的道歉，很多时候都能化干戈为玉帛，冰释前嫌。没有爬不过去的山，也没有趟不过去的河。忍一时的委屈，可以保全大家的宁静、和谐，并不损失什么，反而还会赢得一个更为宽阔的心灵空间，何乐而不为呢？

杰克去拜访一位前辈。当他昂首阔步地进门的时候，头被门框狠狠地撞了一下，疼痛无比。出门迎接的前辈看他这副样子，笑笑说："很痛吧！可是，这将是你今天来访问我的最大收获。一个人要想平安无事地活在世上，就必须时时刻刻记住低头，这也是我要教你的事情。"这成为杰克一生的生活准则之一。

心高气盛，恃才傲物，是年轻人最易犯的毛病，总以为自己了不起，是鸿鹄，别人都是燕雀，眼光总是高高在上，周围的一切都不放在眼里。直到有一天，被眼前的门框撞了头，才发现门框比自己想象的要矮得多。

如果你想进入一扇门，就必须让自己的头比门框低些；要想登上成功的顶峰，就必须低下头弯起腰做好攀登的准备。看看那些登上顶峰的人们，不管是在舞台上发表演说，还是外出拜访，他们总是微微低着头俯视脚下的人群，因为他们站在高处；而他们脚下成千上万的人们，总是高高抬起头向上仰望，因为他们站在低处。总是高高抬着头、站在低处的人，他们只能往上看，因为他们脚下什么都没有。

大学问家苏格拉底在这方面可谓是大师了，曾有人问他："据说你是天底下最有学问的人，那么我想请教一个问题：'请你告诉我，天与地之间的高度到底是多少？'"苏格拉底微笑着答道："三尺！""不可能，简直是胡说，我们每个人都有四五尺高，天与地之间的高度只有三尺，那人还不把天给戳出许多窟窿？"苏格拉底仍微笑着说："所以，凡是高度超过三尺的人，要能够长久立足于天地之间，就要懂得低头啊！"

"低头是稻穗，昂头是稗子。"这是一句非常贴切的谚语。越成熟、越饱满的稻穗，头垂得越低。只有那些穗子里空空如也的稗子，才会显得招摇，始终把头抬得老高。很多哲理都告诉我们：要想抬头，必须先懂得低头。如果不懂得低头，就会撞得头破血流，甚至为此而失去性命。记得《史记》中有这样一个故事。

战国时代的范雎本是魏国人，后来他到了秦国。他向秦昭王献上远交近攻的策略，深得昭王的赏识，于是他升为宰相。但是他所推荐的郑安平与赵国作战失败。这件事使范雎意志消沉。按秦国的法律，只要被推荐的人出了纰漏，推荐的人也要受到连坐的处分。但是秦昭王并没有问罪范雎，这使得他心情更加沉重。有一次，秦昭王叹气道："现在内无良相，外无勇将，秦国的前途实在令人焦虑啊！"

秦昭王的意思原为刺激范雎，要他振作起来再为国家效力。可是范雎心中另有所想，感到十分恐惧，因而误会了秦王的意思。恰好这时，有个叫蔡泽的辩士来拜访他，对他说道："四季的变化是周而复始的。春天完成了滋生万物的任务后就让位给夏；夏天结束养育万物的责任后就让位给秋；秋天完成成熟的任务后，就让位给冬；冬天把万物收藏起来，又让位给春天……这便是四季的循环法则。如今你的地位，在一人之下万人之上，日子一久，恐有不测，应该把它让给别人，才是明哲保身之道。"

范雎听后，大受启发，便立刻引退，并且推荐蔡泽继任宰相。这不仅保全了自己的富贵，而且也表现出他大度无私的精神。后来，蔡泽就宰相位，为秦国的强大做出了重要贡献。当他听到有人责难他时，也毫不犹豫地舍弃了宰相的宝座而做了范雎第二。可见，聪明的智者都不会一味地贪图富贵安逸，在适当的时候，他们都会主动退出舞台，以保全自身。

经生活历练过的人，都能了解，谦虚往往被很多人看成是软弱。然而，这种生活态度与其说是软弱，不如说是尝遍人世辛酸之后一种必然的成熟。那些昂然高论，不以为然的人，对这个问题乃至人生的认识显然有限，因而表现出来的只是一种无知的强劲，一种似强实弱的强。而真正的智慧属于谦逊的人。

学会融入生活，学会向生活低头，是我们每一个人成长的必经之路。在个性化、时尚化、特殊化泛滥的今天，或许很多人会对"向生活低头"嗤之以鼻，认为是陈年旧物，对于我们现代人来说已经不需要了。事实却恰恰相反，其实学会向生活低头，就是学会了更好地融入周围的生活圈，更快地适应生活。深谙"外圆内方"的处世之道，能够更好地同别人打交道，多为别人考虑，少为满足自己的私欲而损害他人，也最容易受到大家的欢迎。

现代社会，变幻莫测，错综复杂。因此，在漫长的人生跋涉中，我们不得不学会低头保护自己。学会低头意味的是谦虚、谨慎，不是妄自菲薄与自卑。

现实中有多少人被名利困扰、击败。无论是官场，还是生意场，或是其他社会圈子，成功者、青云直上者、名利双收者毕竟是少数。既然现实生活如此严酷，那为什么我们不把名利看淡一些呢？为什么不能视名利如过眼烟云呢？懂得糊涂哲学的人知道，人生的价值并不全能用名和利来衡量，生活的道路是宽阔的，因此若想活得有滋有味，就要在名利的砝码上减轻几分，看开名利、看淡名利，方能活出生活的本色。

聪明容易，糊涂难得

名利，是每个人都梦寐以求的。名，是一种荣誉，一种地位。名还常常与利相连，有了名，就有可能行使无限大的权利；有了名，通常万事亨通，还会产生"名人效应"。总之，名以及与之相连的利的确十分诱人，多少人立足于社会、搏击于人生的动力正来自于此，功名利禄成了许多人奋斗的目标。

也许是受到中国封建传统的"官本位"思想的影响，人们把这些视为自己的人生目的。看看历史上多少仁人志士为了达官显贵、光宗耀祖、福荫万世而走上仕途；又有多少文人骚客因为仕途上的不如意而觉得怀才不遇，郁郁寡欢，由此留下了许多小桥流水的田园牧歌，生活得清幽、淡雅，但却难以排解愤世嫉俗、讥讽时弊的无奈和悲愤。

懂得糊涂哲学的人知道，人生的价值并不全能用名和利来衡量，生活的道路是宽阔的，因此若想活得有滋有味，就要在名利的砝码上减轻几分，看淡名利。

在辅佐刘邦获得天下之后,他的军师张良便毅然光荣隐退了。他向刘邦请求:"我是你成为帝王的三寸不烂之舌的军师,蒙恩拜领万户封地,名列公侯。我的任务至此已经完成。从今以后,我要舍弃主俗,漫游仙界。"刘邦答应了他的请求,所以,张良才得以功成身退,安享晚年。

现实生活中,我们很难在荣辱问题上做到"难得糊涂""去留无意"。一个人,当凭借自己的努力、实干和聪明才智获得了相应的荣誉、奖赏、爱戴、夸耀时,应该时刻保持头脑清醒,有自知之明,切莫让自己有飘飘然的感觉,自觉霞光万道,所谓"给点光亮就觉灿烂"。无可无不可,宠辱不惊,当如古人阮籍所云"布衣可终身,宠禄岂足赖",一切荣誉已成过去时,只不过都是过眼烟云,不值得夸耀,更不足以留恋。还有一种人,肯于辛勤耕耘,但却经不住玫瑰花的诱惑,有了荣誉、地位,就沾沾自喜,飘飘欲仙,甚至以此为资本,争这要那,不能自持。更有些人"一人得道,鸡犬升天",居官自傲,独霸一方,为所欲为,他活着就不让别人过得好。这些人是被名誉地位冲昏了头脑,忘乎所以了。

人们常常把明哲保身和但求无过联系在一起,实际上是不恰当的。二者是有本质的区别的,前者是一种积极而充满智慧的处世方式,而后者则是一种消极被动的应世方法。明哲保身的人可以像范蠡那样,用自己的洞察力去应付世事,从而获得成功;而但求无过的人只能处处被别人左右,不但丧失自己的本性,更别提事业上的成功了。

《庄子》指出"穷亦乐,通亦乐"。所谓"穷"是指贫穷;"通"是指富裕。庄子认为,凡事顺应境遇不要强求,才能过着自由安乐的生活。这是一种顺应命运,随遇而安的生活方式。无论顺境还是逆境,每个人都应该时刻保持一种乐观的生活态度。贫穷时能知足常乐、安贫乐道。当我们的生活不是很富裕的时候，更要达观一些，不羡慕那些有钱的明星或个体户，不抱怨自己命运不济。

我们要想超脱，就必须反省自己。在人生旅程中，如果什么事都反省一下，便能超越尘事的羁绊。一旦超脱尘世，精神会更空灵。总之一句话，就是一个人不要太贪心。洪自诚说："比如减少交际应酬，可以避免不必要的纠纷；减少口舌，可以少受责难；减少判断，可以减轻心理负担；减少智慧，可以保全本真；不去减省而一味地增加的人，可谓作茧自缚。"

我们无论做什么事，都有不得不增加的倾向。其实，只要减省某些部分，大都能收到意想不到的效果。倘若这里管一下，那里还要插手，就不得不动脑筋，过度地使用了智慧，这个时候就很容易产生奸邪欺诈的想法。所以，只要凡事稍微减省些，便能回复本来的人性，即"返璞归真"。

人千万不要被欲望驱使。心灵一旦被欲望侵蚀，就无法超脱红尘，而被欲望所吞灭。只有减少欲望、宠辱不惊，在现实中追求人生目标才会活得快乐。

该较真处须较真：把直性子用得恰到好处也是本事

有些事情一定要较真，尤其是关乎自己命运的事，更要拿出认真的态度。

生活中，很多人在与其他人合作办事时，经常会说这样一句话，"某某，我先把丑话说在前面……"把丑话说在前面，言外之意就是，在人际交往中，只要对别人说过的话和别人的行为伤害到了自己或者令自己不愉快，就应该告诉别人，以后就能懂得怎样去和你交往了，便能和谐相处了。这句话看似冰冷，但实际上却是人际交往中最善意的提醒。

先把"丑话"说在前面

生活中和其他人合作办事时，经常会遇到这样一句话，"某某，我先把丑话说在前面……"很多人很介意这句前提和善意的提醒。其实，千万不要觉得尴尬，如果能够真正体会这句话的意思，并能够恰当的使用，对于一个人的成长真的会是有百利而无一害！

清代西周生《醒世姻缘传》第四十九回中就曾这样提到："凡事先小人后君子好，先君子后小人就不好了。"简言之，先小人，后君子。也就是说，人际交往中，要先做小人，后做君子，指先把计较利益得失的话说在前头，然后再讲情谊。这和我们所提到的"先把丑话说在前面"是一样的道理。

每个人的生活环境、文化层次不同，因而所追求的目标和理想也不尽相同。因此，每个人都会有自己不同程度的做人原则。做人的原则应该是多方面的。比如说对待学习、生活、工作等，每个人都会有自己的原则，也就是说有个做人做事的底线，会有所为有所不为，懂得哪些事应该努力去做好，哪些事可以做,而哪些事是绝对不能做的。

做人又不能没有原则。没有了做人的原则,也就没有了衡量对与错的尺度,如果自己都不知道哪些事该做,哪些事不该做,自然容易走入歧途。生活中,时时事事都要受到社会公认的法律和道德等准则的约束,不要也不应该游离于社会之外。由于每个人的原则不尽相同,这些大大小小的原则就会在人们处理事情的过程中产生不良影响,"先把丑话说在前头",先讲清自己为人处事的原则,让对方明白和接受,才能有利于减少双方交往过程中摩擦和误会,才能促进合作的顺利进行。

人们在生活过程中很不喜欢把丑话说在前面,然而有好多人却是因为没有这样做而失去了朋友,更有甚者反目为仇。因此说,有些事必须把丑话说在前面,才能有利于人际关系的良性发展。如在与同事的相处中,如果互通声气,把丑话说在前面,则可以减少误会,是搞好同事之间关系的重要保证。下面就让我们看一些职场人际关系的例子,就会明白其中的个中道理。

在一些公司里,有的人只考虑到自己或某个部门的利益,缺少全局观念,少了团队精神。表现在工作中,他们不愿意与他人共享信息,习惯于孤军奋战,不敢取得"外援"。时间一长,团队的协作效能就不能发挥出来,各自为战还会带来许多消极影响。这样的人警惕心很高,即使有人出于至诚,真想帮他一把,也无法敞开心扉去合作。一方面,由于他不愿透露消息,所以别人不知道他需要帮助;另一方面,即使知道了又能怎样呢?人家又没请你帮忙,你又何必多操这份心呢?

有事不说,就是对别人不信任,怕一旦说出去有人"加害"。问题是,对身边的人失去信任,你在这个团队里就没有了安全感,甚至没有了存在的意义。大家互相不信任,在工作上就不会把对方当做朋友和事业上的合作伙伴。时间一长,这样的团队必然战斗力丧失,自取其败。

此外，有的人并不是害怕同事"拆台"才不愿与人交流，而是性格使然。比如，他为人低调，习惯自己解决工作中的问题，而不想麻烦同事。如果是这样，那就要改一改，在今后的工作中学会与人交流，让彼此多一些了解，从而增加合作的机会。

其实，我们完全可以把丑话说在前面，划定彼此的底线和禁忌，然后进行有效的沟通，最后完成合作。这样一来，势必可以通过直接有效的沟通明晰规则，办起事来也不必瞻前顾后。这时候，率真与直接就成了取得圆满效果的关键。

实际上，把丑话说在前面的目的是直接亮出彼此的底线，明确各自的禁忌，从而让人和自己有的放矢。大家把事情说到明处，就少了猜忌和勾心斗角，本身就能促进沟通合作，减少内耗。又何乐而不为呢？

生活其实可以简单一些，不用费尽心思去猜度他人，让彼此都能放心去做事，从而成就更大的功绩。所以，不妨在一开始就把各种问题说出来、说清楚，讲好规则，然后按照既定的方针去做。这样效率高、速度快，能够真正实现合作共赢的目标。

这也就是说，与人打交道时，无论什么事在事情发生前就将一些让自己不愉快的事情扼杀于萌芽中，也是只有把丑话及时说在前面，才能让别人在乎你，不轻视你，从而减少了不愉快事情的发生。所以在有些原则问题上不能随便迁就别人。

经验表明，生活中的强者往往都是那些懂得利用原则，懂得交往技巧的人。因此，与不同的人打交道，一定要讲究规则。尤其是在涉及重大利益问题时，先把"丑话"说在前面，才容易划定行动的界限，让大家各安其位，从而高效办事。

通常，直接表明自己立场的做法会很受欢迎，因为出头挑明规则总是会得到他人的响应。或许，你的意见中有一些不妥之处，但是已经开了头，大家可以通过协商找到一个平衡点，至少让别人知道你的红线是什么，从而更好地实现合作。

交往的秘诀强调"先把丑话说在前面"，这意味着凡事在开始前都应该有一个妥善的交待和告知，这对于双方来说都有利。而经验表明，生活中的强者也往往都是那些懂得利用原则，懂得交往技巧的人。

人们常说"不以成败论英雄",这不过是一种无奈,一种借口。在更多人的内心深处,那些敢于争取利益、维护好利益的人,会受到深深的敬仰。而个人的得失、荣辱,在很大程度上也有赖于你自己去争,并非凡事不去计较。所以,不必选择退缩,而应认真去争一争,直接去"争权夺利"。有些事情一定要较真,尤其是关乎自己命运的事,更要拿出认真的态度。

有些事情应该较真必须较真

生活中,是否有人说你过于较真了?听到这样的评价,是不是觉得带有贬义?的确,有些事情是不能过于较真的,但有些事情则例外。其实,在许多时候,在许多事情上,你还真得必须较真。从某种意义上说,较真也是一种良好的人生态度!

在今天这个竞争激烈的社会里,你必须表现出自己的欲望,表明自己的立场,让对方知道你在想什么,才可以得到重用的机会,赢得合作的可能,或者让别人不敢侵犯你的利益。也就是说,有些事情一定要较真,尤其是关乎自己命运的事,更要拿出认真的态度。

把较真当成一种优秀的习惯,让他帮助你成长和进步!很简单,在工作上,你总是点头称是,表现出很深的城府,没有一点锋芒,从不对大事小情用心,更不计较得失,自然无法得到重用。通常,如果你有以上表现,领导会认为:"这样的人,他真实的想法是什么呢?跟别人相比,没有任何竞争力，担当不了重任。"

所以，你不计较，不代表你大度、宽容，反而被误认为你是一个无能的人、一个心机很重的人，最终被社会抛弃。学会较真，善于较真，准确合理的运用好这个词，将促进一个人事业的飞速发展和成功！

张强与王磊在同一家公司实习。张强性格十分温和，王磊的性格却正好与之相反。每次开会，王磊都是一个积极分子，他很少赞同别人的意见，往往都是用有理有据的言论阐明自己的立场，和别人一争高下。这样做的结果是，整个会议的气氛异常紧张，王磊锋芒毕露的风格很难被人接受，同事们都认为他是一个十分尖锐、较真的，很难相处的人。而张强却是一个很少发表意见的人。在多数情况下，他都投赞成票，很少提出反对意见，同事都认为他是一个踏踏实实的人。一个月的试用期到了。大多数人都认为，张强会被老板留用。但是，结果恰恰相反，王磊获得了工作机会。

原来，老板在他尖锐的性格下，看到了他与众不同的才华，这种争强好胜的较真的人正是公司保持活力所必需的。王磊以他的才华，以及敢于和别人一争高下的勇气，获得了工作机会。而那些老好人们，尽管他们笑脸相迎，没有任何危险性，有着与世无争的风范，却不能得到他人发自内心的尊重，也与许多机会失之交臂。其实，这跟古代官场政治很相似。

有一个将军奉命出征平叛边疆的祸乱，临行的时候，父亲对他说："你出征的时候，一定要跟皇帝提出加官进爵、索要钱财的要求。"将军听了很不解，对父亲说："这是我立功报效国家的时候，怎么能索要爵位和钱财呢？如果那样的话，皇帝会认为我是一个贪得无厌的人，会招来祸害的。"谁知父亲听了却哈哈大笑："你提出要求，就表明自己是一个贪图利益的人，这样皇帝才会放心地让你带兵去打仗；你如果无欲无求看起来是一个城府很深的人，那么皇帝就睡不着觉了，他怎么能放心让你统帅全国兵马呢？"听到这里，将军恍然大悟，于是照着父亲的吩咐去做，果然顺利出征、胜利凯旋，没有遭到猜忌和打压。

这个故事告诉我们，有时候计较一些名利，未必是坏事，反而是好事。因为，这个世界上根本没有清心寡欲的圣人，一个敢于维护自己利益的人，才是真实的，才能令人信服。有时候，不外露是必要的，但更多时候你必须主动去露。

归根结底，每一个行为背后都有利益动机。我们必须活得真实一些，敢于争取自己的利益，才可以赢得尊严、表明立场、让人放心。当然，计较利益的时候，重要的是在利益倾轧中"活下来"。

必须注意两点。首先，在该考虑自己利益的时候，不感情用事。一个人干任何事情，都离不开身边的人配合、帮助。比如，在职场生态中，需要与同事的交流，得到认可，获得支持，交流信息，合作完成工作。平时，做到与人为善是值得提倡的。然而，面对危机的时候，自保才是人的本能。这时候，即使平日里称兄道弟，一旦自己的利益受到威胁，一般人都会作出理性的选择。所谓"理性"，就是在考虑自己利益的时候，不再感情用事。

其次，尽量不做或少做伤害别人的事情。该计较的时候，一定要把握好分寸感，努力去争但是坚守底线。有些事情，你不得不计较，但是学会计较却大有门道，往往显示出一个人水平的高低。聪明人与人计较的时候，会尽量不做或少做伤害他人的事情，这其实是在给自己留出退路。经验表明，利益之争从来都是相互影响的，在取舍、退让之间保持着平衡与默契。你注重维护他人的利益，照顾他人的感受，最终有助于维护好自己的利益。

在大是大非等问题上该较真的时候，千万不能含糊，要勇敢地发出自己的声音，让他人倾听，是成大事者应有的行动智慧。而在维护个人利益的时候，也要去较真，不轻易放弃维护权益的机会。而其中的关键是，在争斗之余保持理性，始终坚守底线，避免伤害他人。这样一来，这种争执才有意义，才会有好的结果，甚至能增进彼此的了解，消除某些误解。

在大是大非等问题上，你必须摆明立场，直接表露态度。这时候，如果还躲闪，势必让人误解，或者给人懦弱的印象。因此，该较真的时候，千万不能含糊，要勇敢发出自己的声音。

中国的传统文化里，忍让、和气反复得到提倡。但，这种处世的理念并不完全契合当下人们的生存环境。在效率至上、利益为先的背景下，一个人软弱退让代表着懦弱、无能，是无法在社会立足的。从另一个角度来看，即使你不想争，打算通过忍让求得平安，但是别人就是不给你留退路，这种情况并不少见。你要明白，在前进的道路上必须与他人竞争时，你不得不出手要狠。要知道，竞争才能推动一个人的进步，软弱退让未必会有好结果。

软弱退让未必会有好结果

众所周知，在大自然里，弱肉强食是公认的丛林法则。猎豹为了生存，搏杀野鹿，没有道理可讲。在人类社会中，血酬定律是放之四海皆准的道理。人们为了生存，为了理想，去争取自己的利益，朝着既定的目标迈进，在前进的道路上要与他人竞争，你不得不出手要狠。要知道，竞争才能推动一个人的进步，软弱退让未必会有好结果。

生活是残酷的，在我们身边，有些人想做的就是吸干你的最后一滴血，你怎么能软弱退让呢？让我们看看这些专横的人，有着怎样的嘴脸和心机。恃强凌弱的人通常以支配他人为目的，并采用威逼利诱等手段。在做事的过程中，他们不讲原则，不讲方法。对这样的人，你怎么能软弱退让呢。换句话说，对他们退让，就是对自己残忍。

仔细观察就可以发现，这些让人感到恐怖的人，都有自己的如意算盘。

一般来说，他们把顺应自己要求的人称作"朋友"，当"朋友"想脱离他们，他们就转为憎恨，开始恶言相加。平日只想着如何煽动他人，操控他人。他们也会利用间谍、密探或黑道，谁要想背离，立刻予以打击。

家喻户晓的香港巨星成龙，最初只是一个默默无闻的小演员，奔波于各个片场，扮演的几乎都是跑龙套的角色，在接连不被看好的参演影片中，他始终都在模仿他人的戏路，一直没有大的突破，默默无闻的他一度想要放弃演艺事业，乃至最后想退出影坛到澳大利亚当一名厨师。面对导演的挑剔和演艺圈的漠视，他并没有轻易的退缩，面对困难没有软弱退让反而是迎难而上，最后，他采取了真枪实弹的演绎策略，开创了香港"成龙电影"的新时代。在此后几十年的电影创作中，成龙都坚持不用替身，他红遍了全球，不再是那个默默无闻的小演员，他没有软弱退让，从而主宰了自己的命运。

因此说，一个合格的人，不能为了"只想安静地过日子"而答应专横之人的要求。否则，只能让对方得寸进尺，因为对方会愈来愈得意忘形。这时候，你要表现出竞争的本色，表明自己的立场、维护自己的利益，让他看到你的"狠"。

很简单的道理，一颗种子之所以长成参天大树，固然离不开阳光、水分的滋养，但是它的内在基因是"长成参天大树"的决定力量；因为小草即使有光和水的养护，也不会成为栋梁之材。

所以，每一个都应该有强大的斗志，摆脱软弱和退让！任何时候都要主宰自己的命运，要敢于争取，不要做软弱退让的懦夫。

第一，做人不能太软弱。一个不争的事实是，人能够宽待别人的缺点和过失，甚至能容忍别人的罪恶，但却不能宽容别人的优点和卓越。今天，在一个资源有限而竞争激烈的环境里，人们都为了自己的利益奔波，甚至大打出手。所以在舞台上较量，你不能心慈手软，而应维护好自己的利益，关键时刻果断出手。当你的优秀引起他人的妒忌，甚至有人对你大打出手，你千万不能软弱退让，必须果断出击。你要明白，这时候不是你做错了什么，而是你的才华、强大引起了他人的不安，所以这时候你的态度很重要。

让别人见识到你的不好惹，日后才能不被人欺负，否则就会招来更多人的责难。也就是说，你应当尽量保持善良的本性，同时也不能太软弱。要知道，"哪里有压迫，哪里就有反抗"，"暴君是由顺民制造出来的"，导致你苦难的根源正是你的软弱和退让。请记住这样一句话："好人往往被暗算，因为在人生的战场上，好人永远不会使用坏人最有力的武器——卑鄙。"拿起武器，与卑鄙做斗争吧！当然，要讲究技巧和谋略，而不是赤膊上阵。

第二，关键时刻要敢于说"不"。心理学者说，不会拒绝是一种疾病，背后的原因是你不够自信，想用百依百顺讨好他人。当你把所有重担一肩扛时，他人心里自然暗爽；而当你承受不住，终于发出微弱的反抗之声，他人又会因为不适应，而拒绝你的合理要求。所以，面对他人的不合理要求，拒绝是明智之选。

人际交往中，不管你有多大能耐，都不可能什么事都答应别人。那么，拒绝就大有学问了，不会说"不"是傻子，说不好"不"也是欠精明。"不"与"是"，是人际关系语言中的一对难兄难弟，它们时而和平相处，时而打得头破血流；时而握手言和，时而反目成仇，这体现了社会生活中说话办事效果的高低不同。狠下心来，拒绝别人，解脱的是自己。

人们常说"人善被人欺，马善被人骑"，"人善"除了温驯，没有反抗的性格之外，还包括善良、厚道、心软、畏缩及缺乏主见等。最易被欺负的都是善良温厚的人，也就是"好人"。"好人"因为与人为善，不争不抢，不使手段，不会拒绝人家，反而常被利用。因此，面对蛮横的人，必须敢于亮剑，必要的时候给予回击。如果一味地退让，不能直接表明立场，那么势必导致对方变本加厉，到最后成为彻底的奴隶。

你应当尽量保持善良的本性，同时也不能太软弱。要知道，"哪里有压迫，哪里就有反抗"，导致你苦难的根源正是你的软弱和退让。这个世界就是力量的角斗，你不敢出手，就已经败了。

在中国传统文化语境里，权力大于天。一个人在上司面前，往往要处世低调，一切听从指挥，丝毫没有讨价还价的余地。对许多人来说，面对上司不争利似乎成了潜规则。人活在这个世界上，重要的是开心。在一个团队里，如果你的利益被侵害，而自己不能去维护，那将是一件令人无法释怀的事情。之所以强调在与上司相处的过程中要学会争利，是因为有许多人因为不会争利而频频"吃亏"。

不要怕与上司争利益

对许多人来说，面对上司不争利似乎成了潜规则。在与上司的相处过程中，很多人因为不争或者不敢争，因此常窝囊一辈子，这实在说不过去。所以说，下属也要敢于直接维护自己的利益，能够采取正当途径表达自己的意见，让上司知道你内心的想法，进而在沟通中完成利益分配。之所以强调在与上司相处的过程中要学会争利，是因为有许多人因为不会争利而频频"吃亏"。

不会争利一般有两种表现，一种是不敢争利，甚至连自己应该得到的也不敢开口向上司要求，既怕同事有看法，也怕给上司造成坏印象，大有"君子不言利"的味道；一种是过分争利，利不分大小，有则争之，结果整日跟在上司屁股后喋喋不休地讲价钱、要好处，把上司追得很烦。

对那些有真本事的人来说，他们会把握时机、判明形势，时刻维护好自己的利益，一步步实现既定的目标。换句话说，与上司争利益不是不可以，而是怎么去做的问题。

王翦是秦始皇手下战功累累的大将，他协助秦始皇消灭晋王，赶走燕王，并数破楚军，但是仍然不被信任。后来，秦始皇在攻打楚军的时候，有意重用李信将军，而王翦则称病告老还乡。李信在与楚军交战时受挫，秦始皇不得不放下架子，到王翦面前谢罪，并请他出山。当时，王翦率兵60万出征，秦始皇亲自送到灞上。

聪明的王翦看得明白，一方面秦王有求于自己，另一方面对自己手握重兵仍然有戒心。于是，他请求秦始皇赐予田宅园池。秦始皇问："将军就要出征了，为什么还忧虑贫穷呢？"王翦回答："作为君王的将军，即使有功也不能封侯，所以趁君王的信任、重用和偏向我时，我得及时请求点好处为子孙造福。"秦始皇见王翦如此坦诚可爱，这才放心了。

到了边关，王翦又多次派人回都请求良田。有人觉得这样不妥，但是王翦深谋远虑地说："秦王粗鄙而不信任人，现在倾全国的士兵而委托于我一人，我不多示田宅为子孙谋基业来巩固自己，反而让秦王因此而怀疑我吗？"这一招，可谓老谋深算。

由此不难看出，在接受重大任务前，当面向上司请求自己应该得的，既表明你对完成任务充满信心，也能表明你敢于坦诚地要求应得的利益，从而坦率地表明立场，让上司放心。研究表明，上司在交办重要任务时，常常利用承诺作为一种激励手段。对下属而言，这既是压力又是动力；对上司而言，心理上也感到踏实，以获得"重赏之下必有勇夫"的效果。因此，如果上司交给你任务时忘了承诺，或不好做出承诺，你一定要主动提出来，或者旁敲侧击，这绝不是什么趁火打劫，而是一种利益权衡。

在《岁月随想》一书中，赵忠祥在"义气与职称"一文里就专门谈过自己为评职称而争了一争的经历。那段经历写得实实在在，没有任何哗众取宠的痕迹，读来着实让人感同身受。这提醒我们，一个有价值的人，一个有成就的人，为自己的利益而争是光明正大的。

向上司要求利益大有学问，关键是要把握好火候和技巧。具体来说，要抓住执行重大任务的时候，争取上司的承诺，争取利益时务必要见机行事，并把握好"度"。通常，跟上司争取利益要把握好下面几点：

第一，不争小利。每个人都要"求利"，但是别为蝇头小利而伤心动气。通常，你要显露出宽广的胸怀，有一种大将风度。在上司心目中形成"甘于吃亏"、"会吃亏"的好印象，在小利上坚持忍让为先，那么争大利的时候才会水到渠成。

第二，有理有据。利益之争，不是巧取豪赌，按照预先设定的原则、制度来争取个人利益，从哪个角度来看都不会过分这样你才能把握主动权。比如，当你拉到了10万元赞助费，或为公司创利100万元的时候，就要按先前约定好的"提成"比例争取报酬。需要注意的是，这时候既不能扩大要求，也不要让上司削减对你的奖励。

第三，讨价还价。争取个人利益，本省就是讨价还价的事情。这时候，你要学会夸大困难，善于向上司表露你的艰辛，这样要求利益的时候也可以提出更高要求，甚至会得到意外惊喜。另一方面，你还要学会替上司考虑，允许他打折扣。给上司一些"余地"，不给他造成你"想要多少就给多少"的想法。这符合一般的讨价还价原则。

与上司打交道，大有学问。对上司，不但要上下有别，保持敬意，还要懂得维护好自己的利益，敢于直接去争取我方的利益。尤其在今天，大大方方地争取合理的利益，是值得提倡的，这远比私底下去争斗要强许多。

对任何一个人来说，争取个人利益都没问题；关键是，你要争得有理有据，让人能够接受，而没有推脱的理由。因此，在向上司提出利益要求的时候，最重要的是把握好分寸，考虑上司的心理预期和心理承受能力。

如果要求很高，大多会引起上司的反感，对方甚至算旧账奚落你一回，那就不值得了。

向上司要求利益大有学问，关键是要把握好火候和技巧。具体来说，要抓住执行重大任务的时候，争取上司的承诺，争取利益时务必要见机行事，并把握好"度"。

提到"独断专行",通常给人"不考虑别人意见;办事主观蛮干"的印象,同"专横跋扈""一意孤行"如出一辙。一般来讲,我们应该杜绝独断专行的办事方法,而要集思广益,群策群力。但是有时候,对待某些人,某些事,你不得不采取"独断专行"的方法,否则别人会以为你好欺负,并当成软柿子来捏。这时候,直接表露出果敢的一面,往往是成大事的关键。

关键时刻必须"独断专行"

在日常生活工作中,有个别刺儿头,经常造成这样那样的麻烦。对这类刺儿头的纵容或姑息,都不利于事态的开展,甚至有可能影响全局。因而,在与这些刺头交往中,必要时就要来点儿"独断专行"。

小王在公司里很能干,业绩也很不错。但是,他行事我行我素,似乎很有个性。比如,想干的工作,他总能认真完成;而不想干的事情,总是找借口拖延。时间长了,大家都知道他是一匹出了名的烈马。上到老板,下到市场总监,都拿他没办法。最近,新来了一位业务经理。上任没几天,他就把一个琐碎的任务交给小王去办。自然,小王故意找借口,根本不想接手。但是,业务经理认定了让小王去办,还反复强调这件事的重要性。最后,小王干脆口头含糊答应,但是根本不去干,而是找自己喜欢的事情做,不给上司责怪他偷懒的机会。

一个星期以后,业务经理找到小王,说:"小王,我已经在交代任务时说明了紧迫性，但是一周下来你的工作没有进展，这是怎么回事？从现在开始，我将设法把你手上的工作交给其他人去办，而你只要专心做好这件事就行了。此外，希望你能在两周内完成这项任务。三天后，我会核查一下你的工作进度。"说完，经理转身就走了。这样的情形见多了，小王仍旧只是口头上答应了，根本没把这件事放在心上。

三天很快就过去了，业务经理再次找到了小王他："怎么回事，你的工作丝毫没有进展。我调查了一下，发现你一直在拖延。看来，我只能找合适的人来做这件事了。另外，你个性很强啊，我只好把你分流到其他部门，找一个合适的职位。"至此，小王终于感到事态的严重了。显然，这次业务经理要来真的，如果再不按照上司的指令去做，恐怕要被撤职。随后，他急忙跑到业务经理的办公室，诚恳地检讨了自己的错误，并表示一定会按时按质地完成交派的任务。

这个例子说明，对待一些不听命令者，就需要来点儿"独断专行"，让他明白，你只有听命于我，才能继续干下去，否则就另谋高就。

当然，积极的"独断专行"还有另外一层意思，即毫不犹豫，敢于冒险。一些容易成功的人他们往往在别人还犹豫不决的时候，已经下定决心去做了。他不会听从任何人的劝告。因为他认为自己是正确的。遇到挫折一样不会怨天尤人，而是寻找解决的办法，不会因为挫折而退却。连从挫折中站起来的勇气都没有的人，是无法成功的。

在实际操作中，要视情况来看是否需要独断专行，并且要完全发挥积极独断专行的有效作用，这会使我们的工作生活事半功倍。适当的独断专行，要有很高的工作积极性和责任感，铁腕政策，根据实际情况去掌握，不能盲目臆断行事。时代的复杂多变，信息的稍纵即逝，竞争的异常激烈，容不得半点举棋不定、犹豫不决。

作为一个独立的个体，尤其是一名管理者，必要时的"独断专行"是最可贵和最必要的基本素质之一。有时一旦稍有犹豫，就可能错失很多良机，导致终生的悔恨。任何管理者当然都希望成功的把握大一点，失误少一点，方方面面稳妥发展，能够寻觅到万全之策固然是好事，但是决策的优越性和可行性是相对于一定的时间和空间而存在的，正所谓"机不可失，时不再来。"

管理中，很多领导者面对一个紧迫重要的事情怕这怕那，畏首畏尾，迟迟下不了决心，做不了决定，从而给事业带来一连串的麻烦。其实，在这个关键时刻，最需要的往往是管理者的"独断专行"！要更好地做到这一点，需要明确以下几点：

第一，明确管理者的主要职责。管理者的主要职责是决策，决策本身就是一个比较、选择的过程，这个比较，选择的过程必须"独断"，只有这样，管理者的决策才能发挥四两拨千斤的功效，才能借势而用，才能不至于失去一次次绝妙发展的良机！

第二，摒弃优柔寡断。一些管理者在决策时优柔寡断，说到底，有的是工作附在面上，对于情况不甚了解，心里没底；有的是思想保守，胆小怕事，害怕承担责任；有的是自己没有主见，缺乏自信，一味在乎他人的看法，看他人的脸色；还有的就是片面的追求完美；殊不知，这个世界上，绝对完美的东西是没有的。

一个人要学会"独断专行"，果断决策，要有敢作敢当、敢作敢为的魄力和勇气。关键时刻，给予直接、果敢地回击，才能表明立场，掌控局面。有的人唯唯诺诺，缺乏决断的果敢，所以无法担当重任。

对领导阶层的人来说，关键时刻"独断专行"更是必不可少。在职责范围内，该决断就要果断决断，否则可能在逐级上推的时候失去一些机会。一项绝妙的决策，必须在恰当的时候推出才有价值，时机一过，就没有任何的价值了。

作为管理者，无论说话办事，乃至决策都要干脆利落，不犹豫不决，不拖泥带水，不朝令夕改，这是一个管理者才能、魅力最直观的表现。对于维护自身的形象，树立领导权威至关重要。

面对违规的人，挑衅你的人，一定要果断出手，给予直接的打击和惩罚。一味地姑息纵容他们，会招来更大的麻烦，让自己失去回旋的余地。在实施惩处的时候，务必要简单明了，让对方清楚事情的原委，从而在明处占据制高点。如此一来，对方即使有意见也不敢胡来。更重要的是，这样做能给杀鸡给猴看，让其他人不敢对你不敬。

征服异己必须选择正面对抗

古往今来，成王败寇是个不变的法则。一个人要实现心中的梦想，干一番事业，必须在竞技场上击败对手，才可以成为当之无愧的王者。决定生死的瞬间，下狠手征服异己，才可以问鼎天下，否则就只有后悔的份儿。一个人骨子里没有这种亮剑精神，不敢直接去应对挑战，是无法成大事的。

一代霸王项羽，力拔河山，最后却败给了实力、声望都不如自己的刘邦。这种警示意义，对每个人来说，都值得研究。其实，项羽并非不知道刘邦狼子野心，也有许多除掉在这个宿敌的机会，问题在于项羽紧要时刻心慈手软，结果最后自掘坟墓。对敌人仁慈，就是对自己残忍。

须知，先下手为强，后下手遭殃，掌控先机是致胜的关键。先下手是驭之有道，先下手是勇之有方。做事有"心计"的人，会先人一步，掌握做事的主动权，然后在比拼中高人一筹。要知道，征服异己必须选择正面对抗，永远要在战场上打拼。以前是兵戈铁马，今天是商场厮杀。虽然环境有所变化，但是不变的是"成王败寇"的铁律。在搏斗的过程中，能够胜出的人才是真的有本事。因此，面对竞争对手，必须狠字当头。

美国商人吉姆斯·林恩用了7年的时间，吞并了一个又一个对手，使自己奇迹般地迅速崛起，他的LTV公司成为当时全美最大的15家公司之一，公司的股票也由最初的每股20美元狂升到每股135美元。发行股票成功后，他就立刻用募集到的资金收购了一家电气公司，使自己公司的实力得到了极大增强。他从这次资本操作中得到启示：利用公司股票可以募集资金，收购竞争对手的股权，然后把对方一口吞下。于是，吉姆斯·林恩采用这种方式，陆续买下了阿提电子公司、迪姆克电子公司等多家公司，每月的营业额一度高达1500万美元。随后，他把目光瞄准了以制造飞机和导弹闻名于世的休斯·福特股份有限公司，并成功得手。

LTV公司成了市场上的巨无霸，结果树大招风，引起了威尔逊公司的警觉。威尔逊公司实力更加强大，每年的营业额就是LTV的两倍。LTV公司如果不击败它，自己就会死无葬身之地。吉姆斯·林恩进行了一番精心部署：从银行贷了8000万美元，在股市悄悄吸纳威尔逊公司的股票，最终达到了自己的目的。接着，他又把威尔逊公司分成制药、运动器材、肉类加工三大公司，再让这三家公司分别发行自己的股票，发售新股募集到了一大批资金，最终还清了巨额债务。不用自己花费一分钱，就把自己的竞争对手一个一个地吞并掉了，吉姆斯·林恩手段虽然凶狠，却是市场竞争的王霸之道。

丛林法则面前，你不去吃掉别人，别人就会把你吃掉。即使你现在还没有和对手一较高下的打算，也应该时时刻刻记着，你的竞争对手可能正在对你磨刀霍霍。与对手搏击，不能心慈手软；带队伍，也要狠。正所谓，慈不掌兵，下属固然与你没有生死的较量，但是身为领导人如果缺少威严、刚猛不足，终究无法推动整个团队往前冲。

在日常管理工作中，领导人要秉承恩威并重的原则，去统御部下。而当他们犯错，需要进行惩戒的时候，则需要坚持三个基本原则：

第一，出手要稳。采用强硬手段惩罚一个人，就像藏獒面对凶残的野狼一样，也是要冒很大风险的。比如，你要惩罚的人非同一般，他要么拥有有良好的人际关系，要么掌握着关键技术，要么有强硬的后台。显然，惩罚这样的人必须拿捏好分寸，不可鲁莽行事。因为，惩罚不当就会带来抵制和报复，所以在动手之前首先应想到后果，能够拿出应付一切情况发生的可行办法。

第二，方向要准。批评、惩罚他人，要拿得准，直指其弱点，直刺其痛处。无关痛痒的惩罚不仅收不到预期效果，也会暴露你软弱无能的一面，到头来事与愿违。因此，一旦选择出手就要找准方向，切忌小题大作，从而杀一儆百。

第三，用力要狠。既然决定了要事实惩罚，在行动的时候就要用足力道。如果力度不够，非但达不到效果，还可能引起抵触，或者让对方感觉不公，那就有失偏颇了。"一旦采取坚决措施，便变得冷酷无情"，这样才能让惩治落到实处，收到实效。

与对手搏击，决不能心慈手软。丛林法则面前，你不去吃掉别人，别人就会把你吃掉。即使你现在还没有和对手一较高下的打算，也应该时时刻刻记着，你的竞争对手可能正在对你磨刀霍霍。